高职高专制药技术类专业系列规划教材

仪器分析技术

主　编　黑育荣

副主编　李长滨　马　哲

重庆大学出版社

内容提要

本书重点介绍了药物分析鉴定中最常用的仪器分析技术，如电化学分析技术、紫外－可见吸收光谱技术、红外吸收光谱技术、荧光分析技术、原子吸收光谱技术、气相色谱分析技术、高效液相色谱分析技术等；并简要介绍了质谱分析技术。本书在编写时突出高职教育特点，以能力培养为本位，"轻理论，重实践"，注重实际应用性，旨在培养学生的实际操作能力和综合应用能力。

本书适合高职高专职业教育制药技术类、药学类、医学检验、食品工程、生物技术、环境工程、化工生产技术等相关专业使用，也可作为医药行业职工培训教材和自学教材。

图书在版编目(CIP)数据

仪器分析技术/黑育荣主编. --重庆：重庆大学出版社，2017.8
高职高专制药技术类专业系列规划教材
ISBN 978-7-5689-0606-7

Ⅰ. ①仪… Ⅱ. ①黑… Ⅲ. ①仪器分析—高等职业教育—教材 Ⅳ. ①O657

中国版本图书馆 CIP 数据核字(2017)第146221号

仪器分析技术

主　编　黑育荣
副主编　李长滨　马　哲
责任编辑：袁文华　　版式设计：袁文华
责任校对：邹　忌　　责任印制：张　策
*
重庆大学出版社出版发行
出版人：易树平
社址：重庆市沙坪坝区大学城西路21号
邮编：401331
电话：(023) 88617190　88617185(中小学)
传真：(023) 88617186　88617166
网址：http://www.cqup.com.cn
邮箱：fxk@cqup.com.cn (营销中心)
全国新华书店经销
重庆市正前方彩色印刷有限公司印刷
*
开本：787mm×1092mm　1/16　印张：10.75　字数：265千
2017年8月第1版　2017年8月第1次印刷
印数：1—2 000
ISBN 978-7-5689-0606-7　定价：25.00元

编委会

主　编　黑育荣

副主编　李长滨　马　哲

编　者　（以姓氏笔画为序）

马　哲（辽宁中医药大学杏林学院）

李　娟（信阳农林学院）

李长滨（河南牧业经济学院）

黑育荣（杨凌职业技术学院）

窦　馨（陕西能源职业技术学院）

前言

仪器分析课程是高职高专制药技术、药学、医学检验、食品工程、生物技术、环境工程、化工生产技术等专业学生必修的一门专业基础课。熟悉和掌握常用仪器分析方法的基本原理和实验技术,并能根据分析目的选择适合的仪器分析方法,已经成为这些专业学生必须具备的基本素质。

本书在编写时紧扣高等职业教育制药技术类专业的人才培养目标,体现以能力培养为本位的职业教育特点,简化理论重视实践。除绪论外,共分10个项目,重点介绍了电化学分析技术、紫外-可见吸收光谱技术、红外吸收光谱技术、荧光分析技术、原子吸收光谱技术、气相色谱分析技术、高效液相色谱分析技术等药物分析中最常用的仪器分析方法技术;并简要介绍了质谱分析技术。每个项目都有2~3个技能实训内容,每个实训内容都是根据实际工作中具体药品的分析检验方法进行编写的,旨在培养学生的实际动手能力,提高学生的综合应用能力。另外,各项目在分析仪器任务中增加了各类分析仪器的日常维护与保养,突出教学的实际应用性。

本书由黑育荣担任主编并负责统稿工作。其中,绪论由马哲编写,项目1由窦馨编写,项目2、项目3、项目4由黑育荣编写,项目5、项目6由李娟编写,项目7、项目8由李长滨编写,项目9由马哲编写,项目10由窦馨编写。

本书在编写过程中参阅了部分文献和书籍,在此谨向有关作者表示衷心的感谢!由于编者的水平有限,书中难免存在疏漏或不妥之处,恳请专家和读者批评指正,不胜感谢!

编　者

2017年5月

目 录 CONTENTS

绪 论

1)什么是仪器分析

仪器分析是通过使用仪器设备测定物质的物理性质或物理化学性质的参数或参数变化,根据测定结果进行定性分析或定量分析的分析方法和手段。仪器分析是分析化学的重要组成部分。分析化学是化学的重要分支之一,是研究物质的组成、含量和结构的一门自然科学,分析化学又分为化学分析和仪器分析两部分。

化学分析是以被测物质的化学反应为基础的分析方法,如质量分析法和滴定分开法等。用于分析物质的组成和含量,一般用于常量或半微量分析。

仪器分析是在化学分析的基础上逐步发展起来的,以被测物质的物理或物理化学性质为基础的分析方法,不仅可以分析物质的组成、含量,还可以分析鉴定物质的结构,是鉴定物质结构必不可少的工具。一般用于微量或痕量组分的分析。

仪器分析与化学分析是密不可分的,许多仪器分析方法中的试样处理和结果计算都离不开化学分析方法,随着科学技术的发展,化学分析方法也逐步实现仪器化和自动化。化学分析方法和仪器分析方法是相辅相成的,在使用时应根据具体情况,取长补短,互相配合。

2)仪器分析方法的分类

仪器分析法根据物质的物理和物理化学性质所产生的可测量信号的不同,分为若干类。通常可以归结为电化学分析法、光学分析法、色谱分析法、质谱分析法和热分析法等。

(1)电化学分析法

根据待测物质在溶液中的电化学性质及其变化来进行分析的一类仪器分析方法,称为电化学分析法。电化学分析法通常是将待测溶液接入化学电池(电解池或原电池)中,测定该电池的某些电物理量(如电导、电位、电流或电量等电信号),是根据所测定的从而获得待测物的组成或含量。根据所测的电物理量不同可分为电导分析法、电位分析法、电解和库仑分析法以及极谱和伏安分析法等。

(2)光学分析法

光学分析法是利用待测组分的光学性质进行分析测定的一类仪器分析方法,通常分为非光谱法和光谱法两类。

非光谱仪通过测量电磁辐射的某些基本性质(如反射、折射、干涉、衍射和偏振等)变化的分析方法,称为非光谱法。属于这类方法的有:折射分析法、干涉分析法、旋光分析法、X 射线衍射法和电子衍射法等。

光谱法是基于光的吸收、发射和拉曼散射等作用,物质吸收外界能量时,物质的原子或分子内部发生能级之间的跃迁，产生发射光谱或吸收光光谱，根据物质的发射光或吸收光的波长与强度进行定性分析、定量分析、结构分析等。例如，紫外－可见分光光度法、红外吸收光谱法、分子荧光光谱法、原子吸收光谱法、原子发射光谱法、核磁共振波谱法、激光拉曼光谱法等都属于这一类。本课程重点学习光谱分析法。

(3)色谱分析法

根据混合物的各组分在互不相溶的两相中，吸附能力或其他亲合作用性能的差异在流动相和固定相之间反复进行多次分配从而进行分离，再依据保留峰的位置和面积进行定性和定量分析，这就是色谱分析法。目前广泛使用的有气相色谱法、高效液相色谱法和离子色谱法，近年来，发展了许多新的色谱技术，如临界流体色谱法、毛细管电泳和毛细管电色谱法等。

(4)质谱分析法

质谱分析法是通过对被测样品离子的质荷比的测定来进行分析的一种分析方法。使试样中各组分电离生成不同荷质比的离子，经加速电场的作用形成离子束，进入质量分析器，然后利用不同离子在电场或磁场的运动行为的不同，把离子按质荷比(m/z)分开，并以谱图形式记录下来而得到质谱图，通过样品的质谱图和相关信息，确定待测物的组成和结构，是研究有机化合物结构的有力工具。

(5)热分析法

热分析法是依据物质的质量、体积、热导、反应热等性质与温度之间的动态关系来进行分析的方法。热分析法可用于成分分析，但更多地用于热力学、动力学和化学反应机理等方面的研究。热重法、差热分析法以及示差扫描量热法等是主要的热分析方法。

(6)其他

除上述各类方法外，还有依据物质的放射性辐射来进行分析的放射分析法。它包括同位素稀释法、中子活化分析法、分析技术连用等。

3)仪器分析的特点

尽管仪器分析方法种类繁多，每一种方法自成体系，各自具有各自的基本理论、工作原理、仪器及操作方法，但各仪器分析方法有着共同的特点：

①灵敏度高、检出限低。仪器分析可以分析含量很低的组分，质量分数可达 10^{-8} 或 10^{-9}，甚至更低，所以原子吸收分光光度法测定某些元素的绝对灵敏度可达 10^{-14} g。

②选择性好。由于许多电子仪器对某些物理或物理化学性能有较高的分辨能力，可较精确地选择最佳的测试条件，通过选择或者调整测定条件使共存组分不产生干扰，有时还可通过逐步改变测试条件，进行多组分的连续测定。

③操作简单，分析速度快，易实现自动化。一项测试工作在数秒或几分钟内就可完成。利用一些配有自动记录装置，以及应用微型电子计算机采集和处理数据的仪器设备，都会使分析工作大大缩短时间，及时报告分析结果。

④相对误差较大，一般适用于微量和痕量组分的测定。对于含量在 0.01%～1% 的微量组分和含量小于 0.01% 的痕量分析比化学分析方法准确得多。对于含量大于 1% 的常量组分分析不如化学分析法准确。

⑤仪器设备较复杂，价格较昂贵。

4）仪器分析在药学领域中的应用

《中华人民共和国药典》（以下简称《中国药典》）是国家为保证药品质量可控、确保人民用药安全有效而依法制定的药品法典，是药品研制、生产、经营、使用和管理都必须严格遵守的法定依据，是国家药品标准体系的核心。

药典中的药品的鉴别、纯度检查、含量（效价或活性）测定、中药中农药残留量测定、真菌毒素的检测、残留溶剂的检测、相关成分分析及评价、中药材、药用辅料中重金属测定、原辅料的快速筛检、药物晶型研究、手性药物分析、药物杂质鉴定、溶出度测定等都离不开仪器分析方法。

2010 版《中国药典》中，仅“含量测定”项目中使用的仪器分析方法就有将近 3 000 频次，其中药典一部中仪器分析方法所占比例达到 75.53%，药典二部中所占比例为 56.71%；分别用到仪器分析法有高效液相色谱法、气相色谱法、紫外－可见分光光度法、薄层色谱法、原子吸收光谱法、荧光分析法、电位分析法等。此外，红外光谱法被大量应用于化学原料药鉴别；薄层色谱法常用于杂质检查；气相色谱法被用于溶剂和农药残留检盘。2010 年版《中国药典》附录中收录的技术规范还有磁共振波谱法、离子色谱法、高效毛细管电泳法、分子排阻色谱法、质谱法、电感耦合等离子质谱法、拉曼光谱法指导原则、近红外分光光度法指导原则等仪器分析方法。2015 版药典通则中又新增订了超临界流体色谱法、临界点色谱法、浊度法等仪器分析方法。

另外，在新药研制过程中，需要用到紫外光谱、红外光谱、磁共振波谱和质谱确证药物分子结构，用 X 射线衍射法确证晶体结构；药物手性拆分、有效成分分离首选的仪器分析方法是色谱法；在新药的毒理、药理、临床药物代谢和生物等效性研究过程中，都需要精准高效的仪器分析方法。

因此，有关仪器分析方法的基本原理和实验技术，已成为从事药品分析检验、药品质量管理等岗位的工作人员所必须掌握的基础知识和基本技能。

目前，仪器分析课程已成为药学、医学检验、食品卫生、预防医学等专业的重要专业基础课。本课程主要介绍仪器分析方法的基本理论及其对物质进行分析测定的基本原理、基本方法和基本技巧等内容。其主要任务是培养和提高学生的科学素养及创新意识，开拓学生的创新思维，培养学生获取知识的能力，训练学生操作使用仪器的能力和实验技术，以适应当前社会对应用型人才的需要。

根据本课程的目的和要求，本书重点介绍电化学分析法、紫外－可见分光光度法、红外光谱法、分子荧光法、原子吸收法，气相色谱、高效液相色谱和薄层色谱等一些能反映基本原理而又广泛应用的方法，以适于药学、医学、食品等专业的高职学生应用。

1. 什么是仪器分析？仪器分析与化学分析的关系是什么？
2. 常用的仪器分析方法共分哪几类？它们的原理是什么？
3. 仪器分析的共同特点有哪些？

项目1　电化学分析技术

【知识目标】

了解电化学分析法中常用电极及其在溶液中的应用；熟悉电位滴定法的原理、特点及判断终点的方法；掌握指示电极与参比电极的概念及作用；直接电位法测定溶液 pH 的原理和方法；永停滴定法的测定原理及应用。

【技能目标】

会使用酸度计和电位滴定仪并会维护；能应用永停滴定法测定物质含量。

【项目简介】

电化学分析技术是利用物质的电学或电化学性质，应用电化学的基本原理和实验技术，进行分析的一类方法。通常是将待测物质溶液与适当的电极构成化学电池，通过测定电池的电化学参数进行分析。根据所测电化学参数的不同，电化学分析技术可分为电位分析法、电导分析法、库仑分析法和伏安分析法。电化学分析技术的特点是所需仪器简单，灵敏度和准确度高，分析速度快，特别是测定过程的电信号，易与计算机联用，可实现自动化或连续分析。目前，电化学分析方法已成为药品生产监测检查和药品研究广泛应用的一种分析手段。

【工作任务】

任务 1.1　电化学基础

1.1.1　化学电池

化学电池是化学能与电能相互转化的装置。它由一对电极、电解质溶液、外接电路 3 个部分组成。化学电池根据化学能与电能能量转化方式不同分为原电池和电解池两类。

1）原电池

原电池是将化学能转变为电能的装置。即通过电极反应自发地将化学能转变成电能。以铜锌原电池为例，将一块锌片（Zn）浸入硫酸铜（$ZnSO_4$）溶液中；一块铜片（Cu）浸入硫酸铜（$CuSO_4$）溶液中；两种溶液之间用盐桥隔开，两种金属片用导线连接，如图1.1(a)所示。

Zn 极：　　$Zn \longrightarrow Zn^{2+} + 2e$（电子由外电路流向 Cu 极）

Cu 极：　　$Cu^{2+} + 2e \longrightarrow Cu$

电池反应：　$Zn + Cu^{2+} \longrightarrow Cu + Zn^{2+}$（反应自发进行）

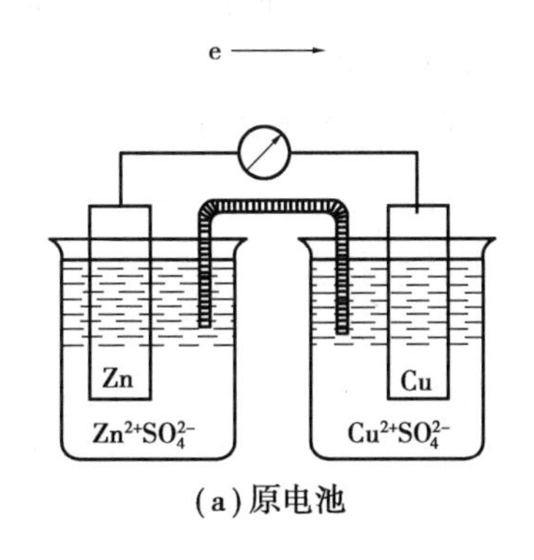

(a)原电池

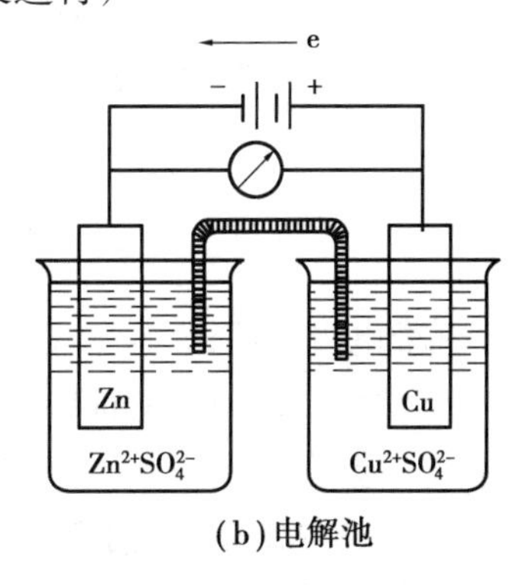

(b)电解池

图1.1　原电池与电解池

2)电解池

电解池是将电能转变为化学能的装置。即由外界提供电能，使电流通过电极，在电极上发生电极反应。其组成与原电池相似，但电解池必须有一个外电源，如图1.1(b)所示。Zn 极为负极，发生的是还原反应；Cu 极为正极，发生的是氧化反应。

Zn 极：　　$Zn^{2+} + 2e \longrightarrow Zn$

Cu 极：　　$Cu \longrightarrow Cu^{2+} + 2e$

电池反应：　$Zn^{2+} + Cu \longrightarrow Zn + Cu^{2+}$（反应不能自发进行）

3)电池符号

为了应用方便，通常用电池符号来表示一个电池的组成。如图1.1(a)所示的原电池和如图1.1(b)所示的电解池可分别表示为：

$(-)Zn(s) | ZnSO_4(1\ mol/L) \| CuSO_4(1\ mol/L) | Cu(s)(+)$　　（原电池）

$(-)Cu(s) | CuSO_4(1\ mol/L) \| ZnSO_4(1\ mol/L) | Zn(s)(+)$　　（电解池）

电池符号的书写一般遵循以下规定：

①组成电池物质均用化学式表示，化学式后面注明物质状态(s,l,g)，溶液注明活(浓)度，气体注明分压。若未注明，则表示溶液浓度为1 mol/L，气体分压为100 kPa；固体或纯液体的活度可看作1。

②左边的电极写氧化反应，右边的电极写还原反应；参与电池反应的物质按所在相和各相接触顺序依次写出。最后注明温度，若没有注明均表示温度为298.15 K(1 K = 272 ℃)。

③电极的两相界面用符号"|"表示；同一相中的不同物质之间用"|"或","隔开；当两种溶液通过盐桥连接，用双竖线"‖"表示。

④对于气体或均相电极反应，反应物质本身不能作为电极，需用惰性电极（如铂、金和碳等）作电极，以传导电流。

1.1.2 电极电位和电池电动势

1)电极电位

金属浸于电解质溶液中,金属的表面与溶液间产生电位差,这种电位差称为金属在此溶液中的电位或电极电位。电极电位的大小可通过能斯特方程式计算得出。

对于电极反应:$a\text{Ox} + ne \rightleftharpoons b\text{Red}$,其电极电位用能斯特方程式表示为

$$\varphi_{\text{Ox/Red}} = \varphi^{\ominus}_{\text{Ox/Red}} + \frac{RT}{nF}\ln\frac{c^{a}_{\text{Ox}}}{c^{b}_{\text{Red}}} \tag{1.1}$$

式中 $\varphi^{\ominus}$——标准电极电位;

R——气体常数[8.314 J/(mol·K)];

T——热力学温度;

n——电极反应中转移的电子数;

F——法拉第常数(96 487 C/mol);

c_{Ox},c_{Red}——氧化态、还原态物质浓度;

a,b——电极反应中氧化态、还原态物质的化学计量数。

能斯特方程说明电极电位取决于电极的本性、温度和浓度(或分压)。当 T 为 298.15 K 时,将 F,R 的数值代入式(1.1),则能斯特方程可简写为

$$\varphi_{\text{Ox/Red}} = \varphi^{\ominus}_{\text{Ox/Red}} + \frac{0.059\,2}{n}\ln\frac{c^{a}_{\text{Ox}}}{c^{b}_{\text{Red}}} \tag{1.2}$$

2)电池电动势

原电池中两电极之间的电位差称为电池的电动势,常用 E 表示,即

$$E_{\text{池}} = \varphi_{\text{右}} - \varphi_{\text{左}} \tag{1.3}$$

1.1.3 常用电极

1)指示电极

在电化学分析中,指示电极用于指示待测离子的活度(或浓度)或其对应的电极电位,其电极电位随溶液中待测离子的活度或浓度变化而变化。常用的指示电极有金属基电极和离子选择性电极。

(1)金属基电极

①金属-金属离子电极(第一类电极)

由金属与含有该金属离子的溶液组成。将金属浸在含有该种金属离子溶液中,达到平衡后构成的电极即为金属-金属离子电极,又称为活波金属电极。其电极电位决定于金属离子的浓度,可作为测定金属离子浓度的指示电极。如将洁净光亮的银丝插入含 Ag^{+} 的溶液中组成的银电极,可表示为:$Ag \mid Ag^{+}$。

其电极反应和电极电位(25 ℃)分别为

$$Ag^+ + e \longrightarrow Ag$$
$$\varphi = \varphi^{\ominus}_{Ag^+/Ag} + 0.059\ 2\ \lg c_{Ag^+} \tag{1.4}$$

这类电极还有 $Cu|Cu^{2+}$,$Zn|Zn^{2+}$,$Ni|Ni^{2+}$ 等,这类电极的电位仅与金属离子的浓度(活度)有关,故可用于测定溶液中相同金属离子浓度(活度)。

②金属-金属难溶盐电极(第二类电极)

这类电极是由一种金属丝涂上该金属的难溶盐,并浸入与难溶盐相同的阴离子溶液中组成。其电极电位随溶液中阴离子浓度的变化而变化,因此,可作为测定难溶盐阴离子浓度的指示电极。常见的有甘汞电极($Hg|Hg_2Cl_2,Cl^-$)、银-氯化银电极($Ag|AgCl,Cl^-$)等。以银-氯化银电极为例,其电极反应和电极电位(25 ℃)分别为

$$AgCl + e \rightleftharpoons Ag + Cl^-$$
$$\varphi = \varphi^{\ominus}_{Ag^+/Ag} - 0.059\ 2\ \lg c_{Cl^-} \tag{1.5}$$

第二类电极容易制作、电位稳定、重现性好,又克服了氢电极使用氢气的不便,在测量电极的相对电位时,常用它来代替标准氢电极,也常用作参比电极。

③惰性金属电极(零类电极)

这类电极是由性质稳定的惰性金属(铂、金)或石墨插入同一元素的两种不同氧化态的离子溶液中组成,也称氧化还原电极。其中惰性电极本身并不参加反应,仅作为导体,是物质的氧化态和还原态交换电子的场所。其电极电位取决于溶液中氧化态与还原态物质浓度(活度)之间的比值,可作为测定溶液中氧化态与还原态物质浓度(活度)及其比值的指示电极。例如,将铂丝插入 Fe^{3+} 和 Fe^{2+} 混合溶液中,可表示为:$Pt|Fe^{3+},Fe^{2+}$。

其电极反应和电极电位(25 ℃)分别为

$$Fe^{3+} + e \rightleftharpoons Fe^{2+}$$
$$\varphi = \varphi^{\ominus}_{Fe^{3+}/Fe^{2+}} + 0.059\ 2\ \lg \frac{c_{Fe^{3+}}}{c_{Fe^{2+}}} \tag{1.6}$$

(2)离子选择性电极

离子选择性电极(Ion Selective Electrode,ISE)也称膜电极,是20世纪60年代发展起来的一种新型电化学传感器,利用选择性薄膜对特定离子产生选择性响应,以测量或指示溶液中的离子浓度或活度的电极。这类电极的共同特点是:电极电位的形成是以离子的扩散和交换为基础,没有电子的转移。膜电极的电极电位与溶液中某特定离子浓度的关系符合能斯特方程式。玻璃电极就是最早的氢离子选择性电极。近年来,各种类型的离子选择性电极相继出现,应用它作为指示电极,具有简便、快速和灵敏的特点,特别是它适用于某些难以测定的离子,因此发展非常迅速,应用极为广泛。

离子选择性电极是其电极电位对离子具有选择性响应的一类电极,是一种电化学传感器,敏感膜是其主要组成部分,其基本结构如图1.2所示。

当膜表面与待测溶液接触时,对某些离子有选择性的响应,通过离子交换或扩散作用在膜两侧产生电位差。因为内参比溶液的浓度为恒定值,所以离子选择性电极的电位与待测离子的浓度之间关系符合能斯特方程式。因此,测定原电池的电动势,便可求得待测离子的浓度。

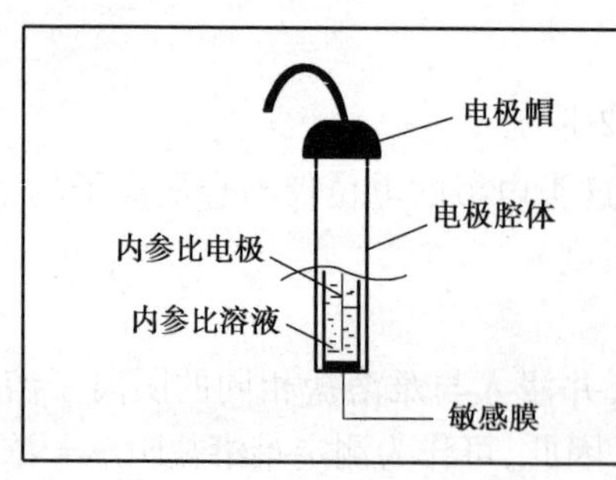

ISE 由 4 个基本部分组成：

①电极腔体——玻璃或高分子聚合物材料做成；

②内参比电极——通常为 Ag/AgCl 电极；

③内参比溶液——由氯化物及响应离子的强电解质溶液组成；

④敏感膜——对离子具有高选择性的响应膜

图 1.2　离子选择性电极示意图

对阳离子有响应的电极，其电极电位为

$$\varphi = K + \frac{0.059\,2}{n} \lg c_{M^{n+}} \tag{1.7}$$

对阴离子有响应的电极，其电极电位为

$$\varphi = K - \frac{0.059\,2}{n} \lg c_{R^{n-}} \tag{1.8}$$

应当指出的是，离子选择性电极的膜电位不仅仅是通过简单的离子交换或扩散作用建立的，还与离子的缔合、配位作用等有关；另外，有些离子选择性电极的作用机制，目前还不太清楚，有待于进一步研究。

2）参比电极

参比电极是与被测物质无关，电位已知且稳定，提供测量电位参考的恒电位电极。参比电极应符合以下要求：电位稳定，重现性好，易于制备，简单耐用。

标准氢电极（SHE）是作为确定其他电极的基准电极，国际纯粹与应用化学联合会（IUPAC）规定其电极电位在标准状态下为零，其他电极的电位值就是相对于标准氢电极电位确定的，但由于它是一种气体电极，使用时很不方便，制备较麻烦，并且容易受有害成分作用而失去其灵敏性，因此，在电化学分析中，一般不用氢电极，常用容易制作的甘汞电极、银－氯化银电极等作为参比电极，在一定条件下，它们的稳定性和再现性都比较好。

（1）甘汞电极（SCE）

甘汞电极是由金属 Hg，Hg_2Cl_2 以及 KCl 溶液组成的电极，其构造如图 1.3 所示。电极是由两个玻璃套管组成，内管中封接一根铂丝，铂丝插入纯汞中（厚度为0.5～1 cm），下置一层甘汞（Hg_2Cl_2）和汞的糊状物，玻璃管中装入 KCl 溶液，电极下端与被测溶液接触部分是熔结陶瓷芯或石棉丝。

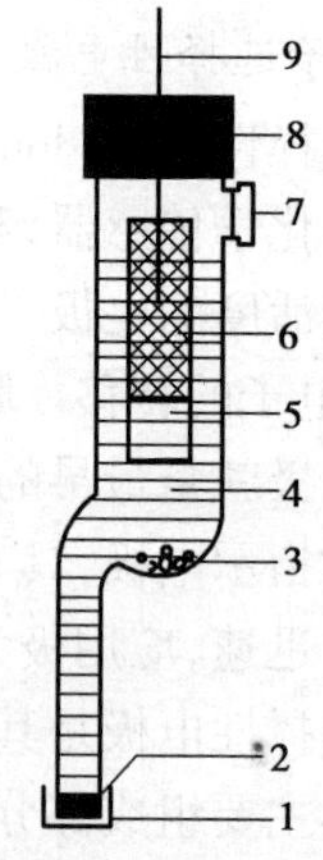

图 1.3　饱和甘汞电极示意图

1—橡皮帽；2—多孔物质；3—KCl 晶体；4—KCl 饱和液；5—棉絮赛；6—汞和甘汞糊；7—橡皮帽；8—电极帽；9—铂丝

电极符号为

$$Hg, Hg_2Cl_2(s) \mid KCl(a)$$

电极反应为

$$Hg_2Cl_2(s) + 2e = 2Hg(s) + 2Cl^-$$

Hg 及 Hg_2Cl_2 为固体，根据能斯特方程，25 ℃时电极电位为

$$\varphi_{Hg_2Cl_2/Hg} = \varphi^{\ominus}_{Hg_2Cl_2/Hg} - 0.059\,2\ \lg c_{Cl^-} \tag{1.9}$$

由式(1.9)可知,当温度一定时,甘汞电极的电势主要决定于氯离子的浓度。若氯离子浓度一定,则电极电势是恒定的,见表1.1。

表1.1　不同KCl溶液浓度的甘汞电极电位(25 ℃)

KCl溶液浓度	0.1 mol/L	1 mol/L	饱和
电极电势/V	+0.336 5	+0.288 8	+0.243 8

(2)银-氯化银电极

银-氯化银电极由银丝上覆盖一层氯化银,并浸在一定浓度的KCl溶液中构成,如图1.4所示。

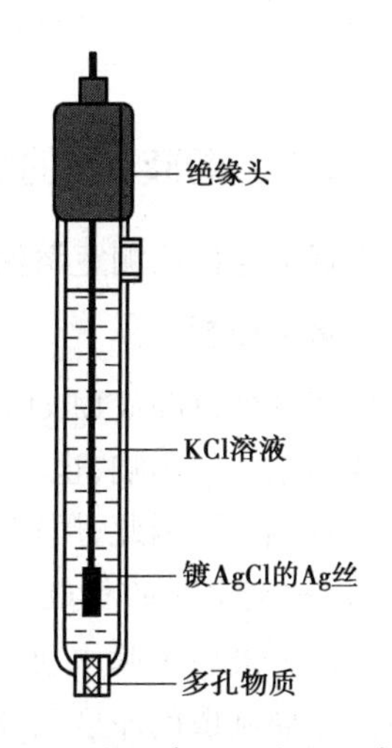

图1.4　银-氯化银电极示意图

电极符号为

$$Ag, AgCl(s) \mid Cl^-(a)$$

电极反应为

$$AgCl(s) + e = Ag(s) + Cl^-$$

电极电位(25 ℃)为

$$\varphi_{AgCl/Ag} = \varphi^{\ominus}_{AgCl/Ag} - 0.059\,2\ \lg c_{Cl^-} \tag{1.10}$$

由式(1.10)可知,其电极电势随氯离子浓度的变化而变化。如果把氯离子溶液作为内参比溶液并固定其浓度不变,Ag-AgCl电极就可作为参比电极使用。

任务1.2　直接电位法

直接电位法是通过测量原电池电动势来确定指示电极的电位,利用电极电位与待测离子浓度之间的函数关系直接求出被测物质的浓度。

1.2.1　基本原理

将待测试液作为化学电池的电解质溶液,并将指示电极和参比电极共同浸入待测试液中,构成原电池,通过用电极电位仪(pH计或离子计)在零电流条件下,测量此电池的电动势,再根据其电极电位与待测物质浓度的确定函数关系,即可求得被测离子的浓度。

例如,某种金属M与其金属离子M^{n+}组成的指示电极M^{n+}/M,根据能斯特公式,其电极电势可表示为

$$\varphi_{M^{n+}/M} = \varphi^{\ominus}_{M^{n+}/M} + \frac{RT}{nF}\ln c_{M^{n+}}$$

其中,$c_{M^{n+}}$为金属离子M^{n+}的相对浓度,因此,若测量出$\varphi_{M^{n+}/M}$,即可由上式计算出M^{n+}的浓度。由于单一电极的电位是无法测量的,因而一般是通过测量该金属电极与参比电极所组

成的原电池的电动势 E,即

$$E=\varphi_{+}-\varphi_{-}=\varphi^{\ominus}_{参比}-\varphi_{指示}=\varphi_{参比}-\varphi^{\ominus}_{M^{n+}/M}-\frac{RT}{nF}\ln c_{M^{n+}}$$

在一定条件下,$\varphi_{参比}$和$\varphi^{\ominus}_{M^{n+}/M}$为恒定值,可合并为常数 K,则

$$E=K-\frac{RT}{nF}\ln c_{M^{n+}} \tag{1.11}$$

式(1.11)表明,由指示电极与参比电极组成原电池的电池电动势是该金属离子浓度的函数,因此可求得 $c_{M^{n+}}$。这是直接电位法的理论依据。

1.2.2 溶液 pH 的测定

用直接电位法测定溶液的 pH,是以玻璃电极为指示电极,饱和甘汞电极为参比电极。

1)玻璃电极

玻璃电极(Glass Electrode,GE)是重要的 H^+ 离子选择性电极,其电极电位不受溶液中氧化剂或还原剂的影响,也不受有色溶液或混浊溶液的影响,并且在测定过程中响应快,操作简便,不沾污溶液,因此,用玻璃电极测量溶液的 pH 得到广泛应用。

(1)玻璃电极的构造

玻璃电极属于膜电极,其构造如图 1.5 所示。电极的下端由特殊玻璃制成的厚度为 0.05 ~0.1 mm 球形玻璃膜,这是电极的关键部分。在玻璃膜内装有一定浓度的 HCl 溶液作为内参比溶液,在内参比溶液中插入一根银 - 氯化银电极作为参比电极。因玻璃电极的内阻太高,故导线及电极引出线都要高度绝缘,并装有屏蔽罩,以免产生漏电和静电干扰。

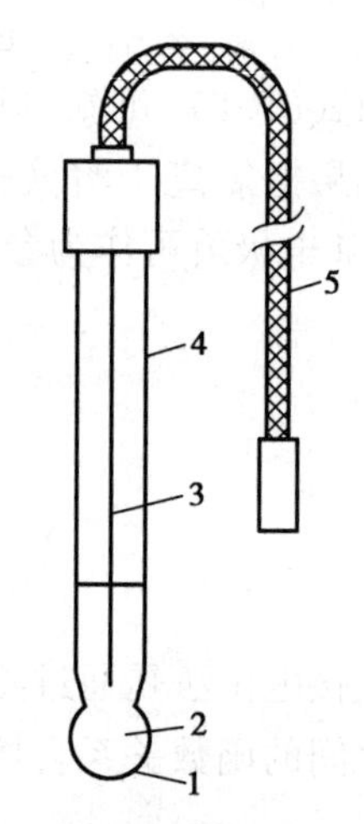

图 1.5 玻璃电极示意图
1—玻璃膜;2—内参比溶液;3—内参比电极(Ag-AgCl);4—玻璃管;5—接线

(2)玻璃电极的响应机制

玻璃电极在使用前必须在水中浸泡一定的时间,这一过程称为水化。玻璃敏感膜水化时一般能吸收水分,在玻璃膜表面形成一层很薄的水合硅胶层,其厚度为 0.01 ~0.1 μm。该层表面上 Na^+ 电位几乎全被 H^+ 所替换。当浸泡好的玻璃电极插入溶液中时,水化凝胶层与溶液接触,由于凝胶层表面上的 H^+ 浓度与溶液中的 H^+ 浓度不相等,H^+ 便从浓度高的一侧向浓度低的一侧迁移,当达到平衡时,在溶液与膜相接触的两相界面之间形成双电层,由于膜外侧溶液的 H^+ 浓度与膜内溶液的 H^+ 浓度不同,则内外膜相界电位也不相等,这样跨越玻璃膜产生的电位差,则称为玻璃电极的膜电位。

$$\varphi_{膜}=\varphi_{外}-\varphi_{内}=0.059\,2\lg\frac{c_{H^+,外}}{c_{H^+,内}}$$

由于内参比溶液 H^+ 浓度是一定的,$c_{H^+,内}$ 为一常数,因此 φ 膜的大小主要是由膜外待测溶液的 H^+ 浓度决定的,所以 25 ℃时的电极电位可表示为

$$\varphi_{膜}=K+0.059\,2\lg c_{H^+,外}$$

因 $pH=-\lg c_{H^+}$,则

$$\varphi_{膜} = K - 0.0592\ pH \tag{1.12}$$

玻璃电极的电位是由膜电位和内参比电极的电位决定的，在一定条件下内参比试液是定值，因此，在25 ℃时玻璃电极的电位可表示为

$$\varphi_{玻璃} = K_{玻} - 0.0592\ pH \tag{1.13}$$

由式(1.13)可知，在一定温度下，玻璃电极的电极电位与待测溶液的pH呈线性关系。

知识链接

pH 复合电极

pH复合电极是将作为指示电极的玻璃电极和作为参比电极的银-氯化银电极组装在两个同心玻璃管中，看起来好像是一支电极，称为复合电极，如图1.6所示。

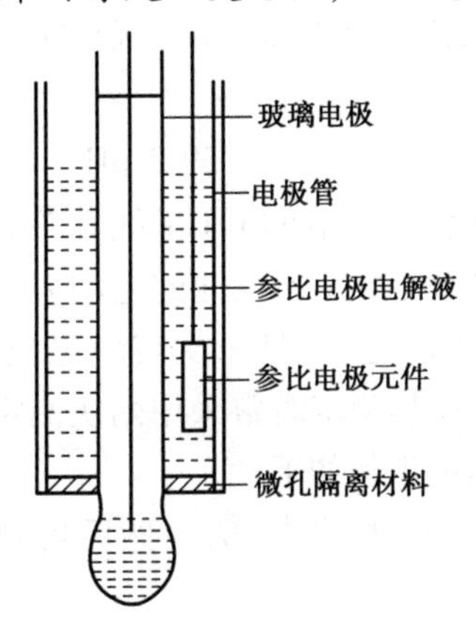

图1.6　pH复合电极

pH复合电极具有体积小、使用方便、坚固耐用、被测试样用量少，可用于狭小容器中测试等优点。把pH复合电极放入待测溶液中，即组成一个完整的原电池体系。pH复合电极发展很快，目前广泛用于溶液pH的测定。

(3)使用玻璃电极的注意事项

①玻璃电极在使用前应在蒸馏水中浸泡24 h以上。浸泡的目的主要是形成比较稳定的水化凝胶层，降低和稳定不对称电位，使电极对H^+有稳定的响应关系。

②玻璃电极适用于测定pH范围是1~10的溶液；当溶液的pH<1时，测定结果偏高，此误差称为酸差；当溶液pH>10时，测定结果偏低，此误差称为碱差或钠差。

③玻璃电极一般在5~50 ℃使用，在较低温度使用时，内阻较大，测定困难；温度过高，使用寿命下降。

④玻璃电极浸入溶液后应轻轻摇动溶液，促使电极反应尽快达到平衡。

⑤玻璃电极的玻璃球膜很薄，使用时要格外小心，以免碰碎。玻璃电极长期使用后，其功能有所降低，可用适当的溶剂处理，使之复新。

2)测定 pH 的方法

直接电位法测定溶液 pH 时,将玻璃电极和甘汞电极(或直接使用 pH 复合电极)浸入被测溶液中组成原电池,如图 1.7 所示。其电池符号可表示为

(-) Ag | AgCl,HCl | 玻璃 | 试液 ‖ KCl(饱和),Hg_2Cl_2,Hg(+)

或

(-)玻璃电极 | 待测溶液 ‖ 甘汞电极(+)

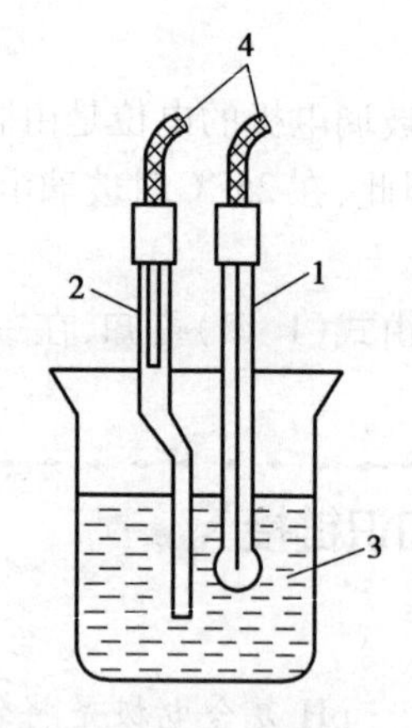

图 1.7 溶液 pH 测定装置
1—玻璃电极;2—饱和甘汞电极;3—试液;4—接 pH 计

25 ℃时,该电池的电动势 E 为

$$\begin{aligned} E &= \varphi_{\text{SCE}} - \varphi_{\text{玻}} \\ &= \varphi_{\text{SCE}} - (K_{\text{玻}} - 0.059\ 2\ \text{pH}) \\ &= 0.241\ 2 - K_{\text{玻}} + 0.059\ 2\ \text{pH} \end{aligned}$$

由于为玻璃电极的性质常数,因此将和 0.241 2 合并得一新的常数 K,故

$$E = K + 0.059\ 2\ \text{pH} \tag{1.14}$$

式(1.14)表明,原电池的电动势和溶液的 pH 呈线性关系。溶液 pH 改变一个单位,原电池的电动势随之变化 59.2 mV,故通过测定原电池的电动势可求得溶液的 pH。

但由于公式中的常数 K 值很难确定,并且每支玻璃电极的不对称电动势也不相同,不能通过测量电动势直接求 pH,因此,在其测定时常采用两次测定法,以消除玻璃电极的不对称电势和公式中常数项等的影响,其测定步骤如下:

先测定已知 pH(pH_S)标准溶液的电动势(E_S):然后再测定未知 pH(pH_X)的待测溶液的电动势(E_X),即

$$E_\text{S} = K + 0.059\ 2\ \text{pH}_\text{S}$$
$$E_\text{X} = K + 0.059\ 2\ \text{pH}_\text{X}$$

将两式相减并整理得

$$\text{pH}_\text{X} = \text{pH}_\text{S} + \frac{E_\text{X} - E_\text{S}}{0.059\ 2} \tag{1.15}$$

测定时选用的标准缓冲溶液的 pH_S,应尽可能地与待测溶液的 pH_X 接近,一般要求 $\Delta\text{pH} < 3$。

【案例 1.1】 计算溶液 pH

在 298.15 K 时,将复合电极插入 pH = 4 的标准溶液时,测得 $E = 0.168\ 2$,换测某液时,$E = 0.109$,该溶液 pH 为多少?

解 由 $$\text{pH}_\text{X} = \text{pH}_\text{S} + \frac{E_\text{X} - E_\text{S}}{0.059\ 2}$$

得

$$\text{pH}_\text{X} = 4 + \frac{0.109 - 0.168}{0.059\ 2} = 3.00$$

3)pH 计

pH 计也称酸度计,既可用于测量溶液的 pH 值,又可用于测量工作电池的电动势。根据

测量要求,不同 pH 计又可分为普通型、精密型和工业型 3 类。读数精度最低为 pH 0.1,最高为 pH 0.01。pH 计型号较多,不同型号的仪器其外形稍有不同,但其原理和操作方法基本相同。

用 pH 计测定溶液 pH,不受氧化剂、还原剂及其他活性物质的影响,可用于有色物质、胶体溶液和浑浊溶液 pH 的测量。并且测定前不用对待测溶液作预处理,测定后不破坏、污染待测溶液,因此应用非常广泛,在卫生理化检验中,常用于水质 pH 的检查;在药物分析中广泛应用于注射剂、大输液、滴眼剂等制剂及其原料药物的酸碱度检查。

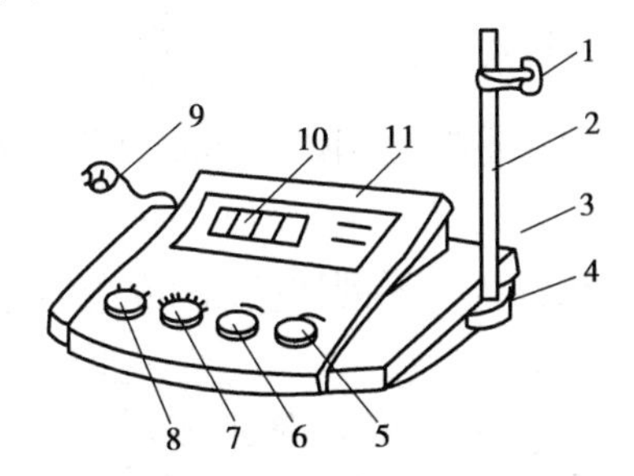

图 1.8 pH_S-3C 型 pH 计

1—电极夹;2—电极杆;3—电极插口(背面);4—电极杆插座;5—定位调节钮;6—斜率补偿钮;7—温度补偿钮;8—选择开关钮 ;9—电源插头;10—显示屏;11—面板

1.2.3 其他离子的测定

测定溶液中其他离子浓度与测定溶液 pH 值的原理和方法相似,选择对待测离子有响应的离子选择性电极作指示电极。在一定条件下,各类离子选择性电极的膜电势和待测离子浓度的对数呈线性关系。

25 ℃时
$$\varphi_{膜} = K \pm \frac{0.059\ 2}{n} \lg c$$

式中的正负号由离子的电荷性决定,“ + ”表示阳离子电极,“ - ”表示阴离子电极,K 为电极常数。

离子选择性电极电位不能直接测出,通常是以离子选择性电极作为指示电极,饱和甘汞电极作为参比电极,浸入被测溶液中构成原电池,通过测量原电池的电动势以求得被测离子的浓度。离子选择性电极根据测定的情况不同,可作正极,也可作负极。在一定条件下,原电池的电动势与被测离子浓度的对数呈线性关系。

$$E = K' \pm \frac{0.059\ 2}{n} \lg c_x \tag{1.16}$$

当离子选择性电极作正极时,对阳离子响应的电极,公式取“ + ”,对阴离子响应的电极,公式取“ - ”,K'为常数。若离子选择性电极作负极,则正好相反。

因此,测量原电池电动势,便可对被测离子进行定量测量。实际工作中常用以下几种方法测定被测离子的浓度。

(1)两次测定法

两次测定法与用玻璃电极测量溶液的 pH 相似。在测量离子的浓度时,通常用 SCE 与离子选择性电极组成原电池，测定标准溶液(s)和试液(x)的电池电动势。若测定阳离子时，以SCE作正极；测定阴离子时，以SCE作负极。

$$E_s = K + \frac{0.059\,2}{n}\lg c_s$$

$$E_x = K + \frac{0.059\,2}{n}\lg c_x$$

两式相减，得

$$\lg c_x = \lg c_s \pm \frac{n(E_s - E_x)}{0.059\,2} \tag{1.17}$$

把 c_s 数值代入式(1.17)(阴离子取“-”，阳离子取“+”)，便可求出 c_x 值。

(2)标准曲线法

将离子选择性电极与参比电极插入一系列浓度已知的标准溶液(5~7个不同浓度)中，在相同条件下测出各浓度相应的电动势。

然后以测得的电动势 E(纵坐标)对浓度 c(横坐标)作图，得如图1.9所示的标准(工作)曲线。然后在相同条件下测量待测样品溶液的 E_x 值，即可从标准曲线上查出对应待测样品溶液的离子浓度。这种方法称为标准曲线法。

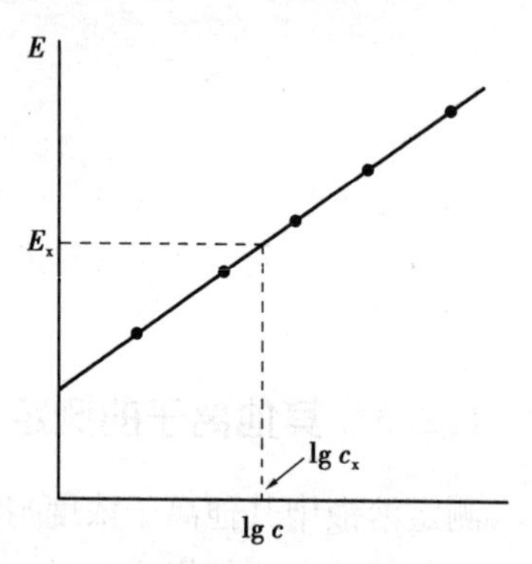

图1.9 标准(工作)曲线

标准曲线法适用于大批量试样的分析。测量时需要在标准系列溶液和试液中加入总离子强度调节缓冲液(TISAB)或离子强度调节液(ISA)。它们有3个方面的作用：首先，保持试液与标准溶液有相同的总离子强度及活度系数；其次，缓冲剂可以控制溶液的pH，最后，含有配位剂，可掩蔽干扰离子。

(3)标准加入法

标准加入法又称为添加法或增量法。将小体积的标准溶液(一般为试液的1/100~1/50)加入试样溶液中，通过测量加入前后的电池电动势得到待测离子浓度，该法称为标准加入法。由于加入前后试液的性质(组成、活度系数、pH、干扰离子、温度等)基本不变，所以准确度较高，适于组成较复杂试样的个别成分的测定。标准加入法可分为一次标准加入法和连续标准加入法两种，这里仅介绍一次标准加入法。

一次标准加入法：设某试液体积为 V_0，其待测离子的浓度为 c_x，测定电池电动势为 E_1，则

$$E_1 = K + \frac{0.059\,2}{n}\lg c_x \tag{1.18}$$

式中 K——常数；

c_x——待测离子的总浓度。

然后向体积为 V_0 的试液中准确加入一小体积 V_s(约为 V_0 的1/100)的用待测离子的纯物质配成的标准溶液，浓度为 c_s，则加入标准溶液后溶液浓度的增量为

$$\Delta c = \frac{c_s V_s}{V_0 + V_s}$$

因为 $V_0 \gg V_s$，可将上式简化为 $\Delta c \approx \frac{c_s V_s}{V_0}$。测定加入标准溶液后电池电动势为 E_2，则

$$E_2 = K + \frac{0.059\,2}{n}\lg(c_x + \Delta c) \tag{1.19}$$

$$\Delta E = |E_2 - E_1| = \frac{0.059\,2}{n}\lg\left(1 + \frac{\Delta c}{c_x}\right) \tag{1.20}$$

令 $S = \frac{0.059\,2}{n}$，则 $\Delta E = S\lg\left(1 + \frac{\Delta c}{c_x}\right)$。

此公式对阴阳离子都适用，只要测出 ΔE，S，就可计算出 c_x：

$$c_x = \frac{c_s V_s}{V_0}(10^{\Delta E/S} - 1)^{-1} \tag{1.21}$$

任务1.3 电位滴定法

与其他滴定分析法一样，电位滴定法也是将一种标准溶液滴定到被测物质的溶液中，只是确定终点的方法不同。电位滴定法是借助指示电极单位的突变确定滴定终点的，它不受溶液颜色、浑浊程度等的限制。当滴定突跃不明显或试液有色，用指示剂指示终点有困难或无合适指示剂时，可采用电位滴定法。

1.3.1 基本原理

进行电位滴定时，在被测离子的溶液中插入合适的指示电极和参比电极组成原电池。装置如图1.10所示。随着标准溶液的加入，由于标准溶液和被测离子发生化学反应，被测离子浓度不断降低，指示电极的电位也发生相应的变化，在化学计量点附近，被测离子的浓度发生突变，引起电势的突变，指示滴定终点到达。电位滴定法中，滴定终点是以电讯号显示的。因此，很容易用此电讯号来控制滴定系统，达到滴定自动化的目的，测定结果的烦琐计算还可用计算机进行处理。

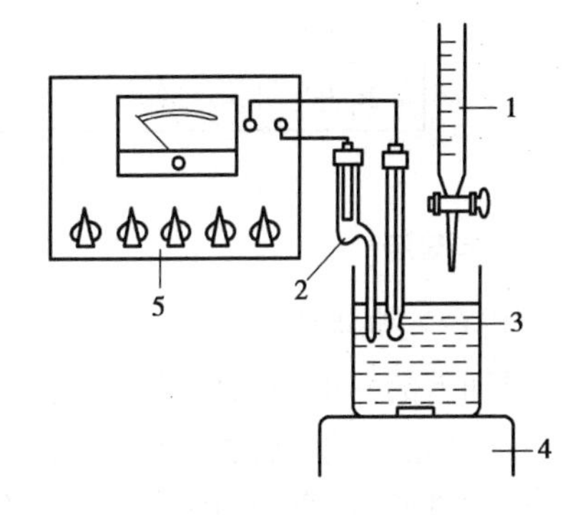

图1.10 电位滴定装置

1—滴定管；2—参比电极；3—指示电极；4—电磁搅拌器；5—pH-mV计

1.3.2 确定终点的方法

将盛有样品溶液的烧杯置于电磁搅拌器上，放入指示电极和参比电极，搅拌。自滴定管中分次滴入标准溶液，并边滴定边记录滴入标准溶液的体积 V 和相应的电位计读数 E。在化学计量点附近，每加入0.05 ~0.10 mL标准溶液记录一次数据。现以0.100 0 mol/L $AgNO_3$ 标准溶液滴定 NaCl 溶液时，电位滴定的部分数据和数据处理为例（见表1.2），介绍几种常用的确定滴定终点的方法。

表 1.2　0.100 0 mol/L $AgNO_3$ 标准溶液滴定 NaCl 溶液的电位滴定数据

	E/mV	ΔE/mV	ΔV/mL	$\Delta E/\Delta V$	$\Delta^2 E/\Delta V^2$
5.00	62				
15.00	85	23	10.00	2.3	
20.00	107	22	5.00	4.4	
22.00	123	16	2.00	8	
23.00	138	15	1.00	15	
23.50	146	8	0.50	16	
23.80	161	15	0.30	50	
24.00	174	13	0.20	65	
24.10	183	9	0.10	90	
24.20	194	11	0.10	110	+2 800
24.30	233	39	0.10	390	+4 400
24.40	316	83	0.10	830	-5 900
24.50	340	24	0.10	240	-580
25.00	373	33	0.50	66	
26.00	396	23	1.00	23	

1)作图法

(1)E-V 曲线法

以加入的标准溶液的体积 V 为横坐标,电势计读数 E 为纵坐标作图,得 E-V 曲线,如图 1.11(a)所示。曲线转折点(拐点)所对应的体积,即为滴定终点所消耗标准溶液的体积。此方法应用方便,适合于滴定突跃明显的体系。

(2)$\Delta E/\Delta V$-V 曲线法

$\Delta E/\Delta V$-V 曲线法又称一阶微商法,$\Delta E/\Delta V$ 表示标准溶液单位体积变化引起电动势的变化值。以 $\Delta E/\Delta V$ 为纵坐标,以标准溶液的体积 V 为横坐标作图,得 $\Delta E/\Delta V$-V 曲线,如图 1.11(b)所示。曲线最高点所对应的体积,即为滴定终点所消耗标准溶液的体积。此法较为准确,但方法烦琐。

(3)$\Delta^2 E/\Delta V^2$-V 曲线法

$\Delta^2 E/\Delta V^2$-V 曲线法又称二阶微商法,$\Delta^2 E/\Delta V^2$-V 表示标准溶液单位体积变化引起的 $\Delta E/\Delta V$的变化值,即 $\Delta(\Delta E/\Delta V)/\Delta V$。以 $\Delta^2 E/\Delta V^2$为纵坐标,以标准溶液体积为横坐标作图,得 $\Delta^2 E/\Delta V^2$-V 曲线,如图 1.11(c)所示。曲线与纵坐标 0 线交点即 $\Delta^2 E/\Delta V^2 = 0$ 时,所对应的体积,即为滴定终点所消耗标准溶液的体积。

2)内插法

用二阶微商作图法确定终点比较烦琐,实际工作中,常用内插法计算终点时标准溶液的体

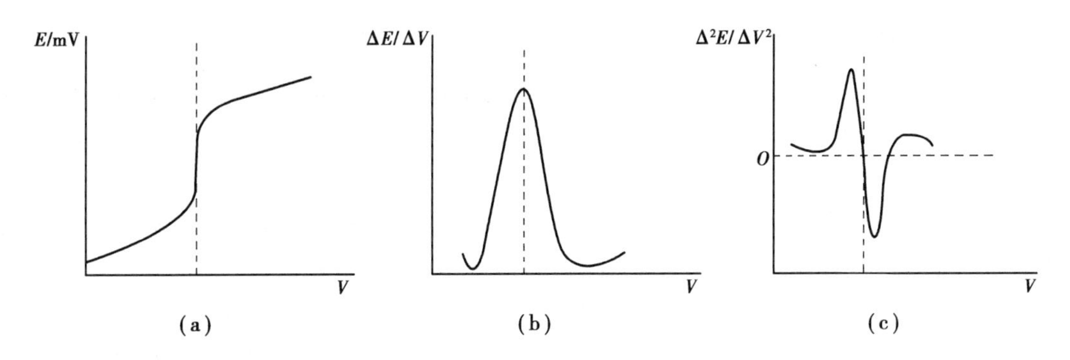

图 1.11　电位滴定曲线

积。此法更为准确、方便。由 $\Delta^2E/\Delta V^2$-V 曲线可知，当 $\Delta^2E/\Delta V^2=0$ 时，所对应的体积为滴定终点，这点必然在 $\Delta^2E/\Delta V^2$ 值发生正、负号变化所对应的滴定体积之间，因此，可用内插法计算滴定终点。例如，表 1.2 中，加入 24.3 mL $AgNO_3$ 时，$\Delta^2E/\Delta V^2=4\ 400$，加入 24.4 mL $AgNO_3$ 时，$\Delta^2E/\Delta V^2=-5\ 900$。

按图 1.12 进行内插法计算。

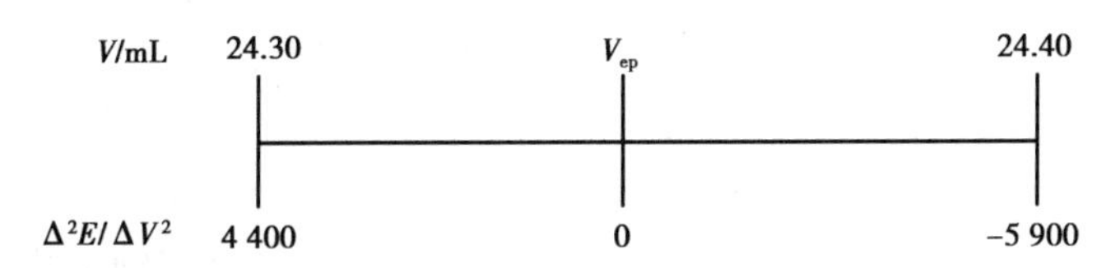

图 1.12　内插法计算

目前已生产出自动电动势滴定仪，测定简单快速，可用于大量样品的常规分析。

1.3.3　自动电位滴定仪

1) 自动电位滴定仪的构造

自动电位滴定仪是在手动电位滴定装置的基础上，增加了一个滴定液的加液控制器。加液控制器通常为电磁阀或电磁继电器，安装在滴定管下端的出液口处，根据电位计差传送的信号控制滴定液的加入。在滴定装置中还包括一个自动记录仪，也根据电位差计传送的信号工作，记录滴定曲线。

自动电位滴定计按工作方式不同通常分为 3 种：第一种是保持滴定速度恒定，自动记录 E-V 滴定曲线，然后再根据前面讲述的方法确定终点。第二种是将滴定电池两极间的电位差同预设电位差相比，两信号差值经放大后用来控制滴定速度。近终点时滴定速度降低，终点时自动停止，最后读出终点时消耗的滴定剂体积。第三种是基于化学计量点时，滴定电池两极间电位差的二阶微商值由大降至最小，自动关闭滴定管的滴定通路，最后读出终点时消耗的滴定剂体积。这种仪器不需要预设终点电位，自动化程度较高。

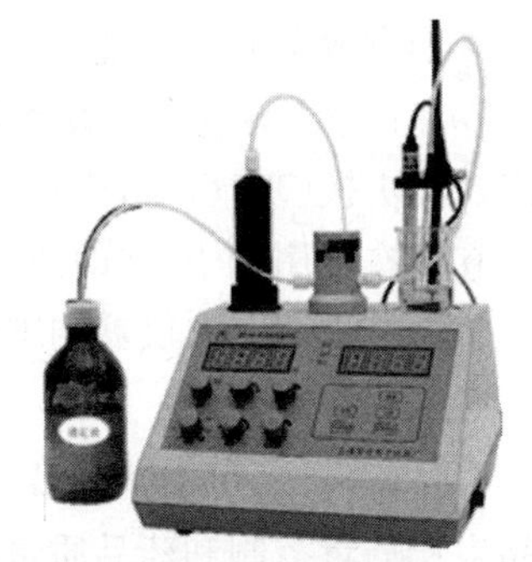

图 1.13　ZD-3a 型自动电位滴定仪

2）自动电位滴定仪的操作技术

自动电位滴定仪型号较多，不同型号的仪器其外形稍有不同，但其原理和操作方法基本相同。下面主要介绍ZD-3a型自动电位滴定仪。图1.13为ZD-3a型自动电位滴定仪的外形。

（1）仪器的使用

①接好全部液路管路，将三通转换阀左边的聚乙烯管插入滴定标准液中，三通转换阀右边的聚乙烯管接好滴液管，电极、滴液管分别放在电极架相应的位置。

②三通阀旋到吸液位，标准液被吸入泵体，泵管活塞下移到极限位时自动停止，再转三通阀至注液位，按注液键，泵管活塞上移，先赶走泵体内的气泡，活塞上移到上限极位时自动停止，一般反复二三次就可赶走泵管及液路管道中的所有气泡，同时在整个液路中充满滴定标准液。

③"选择"开关置"预设"挡，调节"预设"电位器至所滴定溶液的终点电位值，预设好终点电位值后，"选择"开关按使用要求置mV挡或pH挡，此时"预设"电位器就不能动了。

④作滴定分析时，为了保证滴定精度，不能提前到终点，也不能过滴，同时又不能使滴定一次的时间太长，可使用长滴控制电位器，即在远离终点电位时，滴定管溶液直通被测液，在接近终点时滴定液短滴（每次约0.02 mL），慢慢接近终点，电位不返回，即终点指示灯亮，蜂鸣器响。

⑤将被滴样品的烧杯置仪器搅拌的相应位置，加入搅拌棒，打开仪器右侧搅拌开关，调节搅拌速度，移入电极，使电极浸入被滴溶液中。

⑥在注液位，按仪器"滴定开始"键，先长滴后短滴（根据长滴控制电位器的位置）到达终点后延时30 s左右终点指示灯亮，同时蜂鸣器响，此时仪器处于终点锁定状态，再按下"复零"键，仪器退出锁定状态。

⑦每次测定结束后，反复按吸液键和注液键直至把整个液路部分清洗干净。取下电极用蒸馏水冲洗干净，放回固定的位置。然后用细软布擦拭设备表面，再用清洁布将设备擦干。

（2）维护与保养

①如果仪器要滴不同品种的样品时，原液路部分标准液要彻底清洗。

②玻璃泵管与活塞配合紧密，一般不宜脱离，以免损坏玻璃泵管，如的确污染严重，则必须脱离清洗但严禁活塞装在玻璃泵管内加热去潮，取下玻璃泵管时也要双手握住玻璃泵管用力小心上移，使活塞球形接头外露，从泵体推杆凹槽内取出。

③在滴定过程中液路部分出现气泡，一般情况是红色有机动玻璃没有拧紧，三通接头松动或滴定管堵塞不通或三通转不到位。

④如有数字显示乱跳，一般是电源接地不良或周围有强电磁干扰。

⑤在作pH测量或用玻璃电极进行滴定分析时，如数字飘移，很难稳定时，有可能电极老化需及时更换（玻璃电极寿命一般为一年左右）。

⑥每次使用完毕，立即清洁并悬挂标志，及时填写仪器使用记录。

⑦每月进行一次仪器的维护检查，并填写仪器维护记录。

（3）应用

电位滴定法，可用于酸碱滴定、氧化还原滴定、沉淀滴定、配位滴定等各类滴定分析中，在药品生产质量控制和药品质量检查中应用较为广泛。例如，苯巴比妥含量的测定：银电极作为指示电极，饱和甘汞电极或pH玻璃电极作为参比电极。取苯巴比妥片0.6～1 g，精密称定、研细，精密称取适量（约相当于苯巴比妥0.2 g），加甲醇40 mL使其溶解后，再加新制的3%无水碳酸钠溶液 15 mL,用 0.100 0 mol/L $AgNO_3$ 标准溶液滴定,用电位滴定法测定终点。

任务 1.4 永停滴定法

1.4.1 基本原理

永停滴定法又称双电流滴定法。测量时,将两个相同的指示电极(通常为铂电极)插入待滴定的溶液中,在两个电极之间外加一小电压(约 50 mV),然后进行滴定;通过观察滴定过程中两个电极间电流变化的特性来确定滴定终点。该方法属于电流滴定法,其装置简单,准确度高,操作简便。

将两个相同的铂电极插入溶液中与溶液中的电对组成电池,当外加一小电压时,电对的性质不同,发生的电极反应也不同。

①如溶液中含有 I_2/I^- 电对时,在阳极发生氧化反应,在阴极发生还原反应:

$$2I^- - 2e \rightleftharpoons I_2 \text{(阳极)}$$

$$I_2 + 2e \rightleftharpoons 2I^- \text{(阴极)}$$

两个电极上均发生了反应,在两个电极间有电流通过。在滴定过程中,通过电流的大小是由溶液中氧化态或还原态的浓度决定的,当氧化态和还原态物质的浓度相等时,通过的电流最大,这样的电对称为可逆电对。

②溶液中含有 $S_4O_6^{2-}/S_2O_3^{2-}$ 电对时,只能在阳极上发生下列氧化反应:

$$S_2O_3^{2-} - 2e \longrightarrow S_4O_6^{2-}$$

而在阴极 $S_4O_6^{2-}$ 不能发生还原反应。由于在阳极和阴极上不能同时发生反应,因此,无电流通过,这样的电对称为不可逆电对。

1.4.2 判断终点的方法

根据在电极上发生的电极反应的不同,永停滴定法常分为以下 3 种类型。

(1)标准溶液为不可逆电对,样品溶液为可逆电对

以 $Na_2S_2O_3$ 标准溶液滴定 I_2 溶液为例,滴定反应为

$$2S_2O_3^{2-} + I_2 \rightleftharpoons S_4O_6^{2-} + 2I^-$$

将两个铂电极插入 I_2 溶液中,外加约 15 mV 的电压,用灵敏电流计测量通过两个铂电极间的电流。化学计量点前,溶液中含有 I_2/I^- 可逆电对,电流计中有电流通过。化学计量点时,$Na_2S_2O_3$ 与 I_2 完全反应,不存在可逆电对,无电流通过。化学计量点过后,溶液中只有 $S_4O_6^{2-}/S_2O_3^{2-}$ 不可逆电对和 I^-,无电流通过。即电流计指针在滴定过程中偏转后又静止不动时为滴定终点。滴定过程中电流变化曲线如图 1.14(a)所示。

(2)标准溶液为可逆电对,样品溶液为不可逆电对

以 I_2 标准溶液滴定 $Na_2S_2O_3$ 溶液为例,滴定反应为

$$I_2 + 2S_2O_3^{2-} \rightleftharpoons 2I^- + S_4O_6^{2-}$$

化学计量点前,溶液中只有 $S_4O_6^{2-}/S_2O_3^{2-}$ 不可逆电对和 I^-,无电流通过。一旦达到化学计量点,并稍有过量溶液滴入后,溶液中就会产生 I_2/I^- 可逆电对,两极间就有电流通过。即电流计指针在滴定过程中由静止开始偏转时为滴定终点。滴定过程中电流变化曲线如图 1.14(b)所示。

(3)标准溶液和样品溶液均为可逆电对

以 $Ce(SO_4)_2$ 标准溶液滴定 $FeSO_4$ 溶液为例,滴定反应为

$$Ce^{4+} + Fe^{2+} \rightleftharpoons Ce^{3+} + Fe^{3+}$$

化学计量点前,溶液中有 Fe^{3+}/Fe^{2+} 可逆电对和 Ce^{3+},电流计中有电流通过。化学计量点时,溶液中只有 Ce^{3+} 和 Fe^{3+},无可逆电对,电流计指针停在零点附近。化学计量点后,$Ce(SO_4)_2$滴定液略过量,溶液中有 Fe^{3+} 和可逆电对 Ce^{4+}/Ce^{3+},电流计指针又远离零点,随着 Ce^{4+} 离子浓度的增大,电流也逐渐增大。滴定过程中电流变化曲线如图 1.14(c)所示。

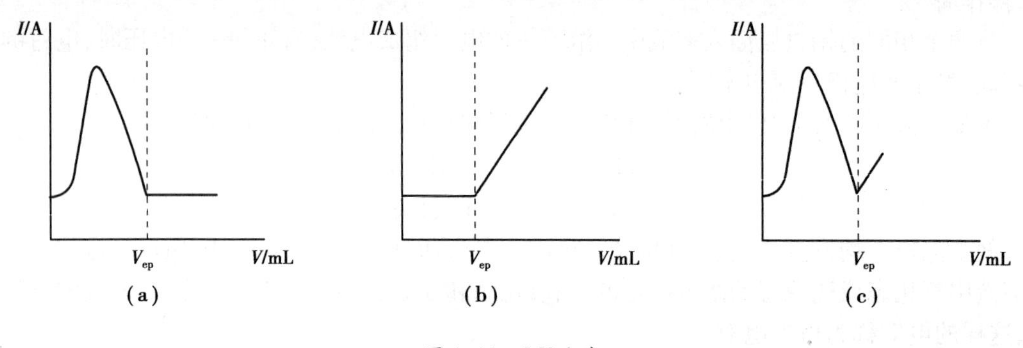

图 1.14 I-V 曲线

1.4.3 永停滴定仪

永停滴定法的仪器简单,操作方便,一般仪器装置如图 1.15 所示。图中 E_1 和 E_2 为两个铂电极;R_1 是 2 kΩ 的线绕电阻,通过调节 R_1 可得到适当的外加电压;R_2 为 60 ~ 70 Ω 的固定电阻;R 为电流计的分流电阻,作调节电流计的灵敏度之用;G 为灵敏电流计;B 为1.5 V 干电池,作为供给外加低电压的电源。与电位滴定一样,滴定过程中用电磁搅拌器对溶液进行搅拌。通常只需要在滴定时仔细观察电流计的指针变化情况,当指针位置突变时即为滴定终点。

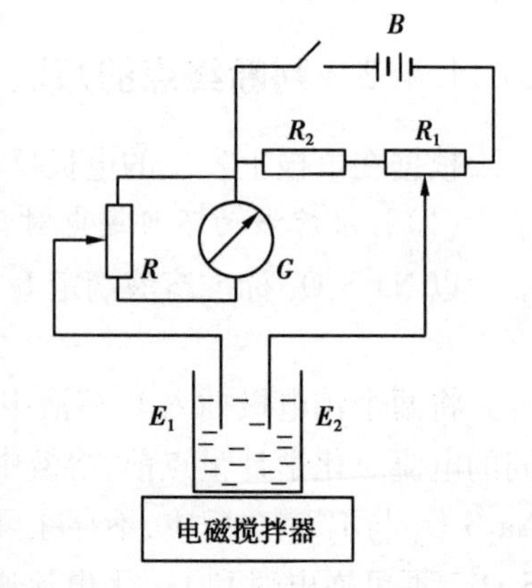

图 1.15 永停滴定法仪器装置

不同型号的永停滴定仪,原理都相同,操作稍有不同。现在也有自动永停滴定仪、智能永停滴定仪,操作简单,使用方便。

永停滴定法确定化学计量点比指示剂法更为确定、客观,比电位滴定法更简便。因此,广泛应用于药物分析中。例如,《中国药典》(2015 版)规定重氮化滴定法的终点确定方法如下:

调节 R_1 使加于电极上的电压约为 50 mV。取供试品适量，精密称定，置烧杯中，除另有规定外，可加入水 40 mL 与盐酸(1→2)15 mL，而后置电磁搅拌器上搅拌使其溶解，再加溴化钾 2 g，插入铂－铂电极后将滴定管的尖端插入液面下约 2/3 处，用亚硝酸钠滴定液(0.05～0.1 mol/L)迅速测定，并随滴随搅拌。接近终点时，将滴定管的尖端提出液面，用水冲洗后继续缓缓滴定。

化学计量点前溶液中不存在可逆电对，即电流计指针停止在"0"位(或接近"0"位)。当到达化学计量点后，则溶液中稍过量的亚硝酸及其分解产物一氧化氮作为可逆电对同时存在，两个电极上的电解反应为

阳极：$NO + H_2O - e \rightleftharpoons HNO_2 + H^+$

阴极：$HNO_2 + H^+ + e \rightleftharpoons NO + H_2O$

此时电路中有电流通过，电流计指针发生偏转，并不再回到"0"位，即电流计指针突然偏转并不恢复即为终点。

【技能实训】

实训 1.1　葡萄糖注射液 pH 的测定

【实验目的】

熟悉 pH 计使用方法，掌握直接电位法测定溶液 pH 的操作技术。

【实验原理】

在实际生产中，常利用直接电位法测定溶液的 pH 值。常用 pH 玻璃电极为指示电极(接负极)，饱和甘汞电极为参比电极(接正极)或直接使用复合电极与备测溶液组成电池，实际测量中，选用 pH 值与水样 pH 值接近的标准缓冲溶液进行比较而得到预测溶液的 pH。pH 值与所测电动势之间的关系为

$$pH_x = pH_s + \frac{E_x - E_s}{0.0592}$$

【仪器与试剂】

(1)仪器：pHS-3F 酸度计；pH 复合电极；温度计；pH 试纸。

(2)试剂：葡萄糖注射液；邻苯二甲酸氢钾标准 pH 缓冲溶液(pH＝4.00)；磷酸氢二钠与磷酸氢二钾标准 pH 缓冲溶液(pH＝6.86)；硼砂标准 pH 缓冲溶液(pH＝9.18)。

【实验内容与步骤】

(1)配制 pH 分别为 4.00,6.86,9.18 的标准缓冲溶液各 250 mL。

(2)接通电源，仪器预热 20 min，将准备好的电极夹在电极夹上，接上电极导线。

(3)校正 pH 计(两点校正法)。

①将选择按键开关置"pH"位置。取一洁净的烧杯，用 pH＝6.86 的标准缓冲溶液荡洗 3

遍，倒入 50 mL 左右该标准缓冲溶液。用温度计测量标准缓冲溶液温度，调节温度调节器，使所指示的温度刻度为所测得的温度。

②将电极插入标准缓冲溶液中，小心轻摇几下烧杯，以促使电极平衡。

③将斜率调节器顺时针旋足，调定位调节器，使仪器显示值为此温度下标准缓冲溶液的 pH 值。随后将电极从标准缓冲溶液中取出，移去烧杯，用蒸馏水清洗电极，并用滤纸洗干电极外壁水。

④另取一洁净烧杯，用另一种与待测试液 pH 相接近的标准缓冲溶液荡洗 3 遍，倒入 50 mL左右该标准缓冲溶液。将电极插入溶液中，小心轻摇几下烧杯，使电极平衡。调节斜率调节器，使仪器显示值为此温度下该标准缓冲溶液的 pH。

(4)测量待测试液的 pH。移去标准缓冲溶液，清洗电极，并用滤纸吸干电极外壁水。取一洁净小烧杯，用待测试液荡洗 3 遍后倒入 50 mL 左右试液。用温度计测量试液温度，并将温度调节器置此温度位置上。

将电极插入被测试液葡萄糖注射剂中，轻摇烧杯以促使电极平衡。待数字显示稳定后读取并记录被测试液的 pH。平行测定两次，取两次平均值。

(5)实验结束，关闭酸度计电源开关，拔出电源插头。取出玻璃电极用蒸馏水清洗干净后泡在蒸馏水中。取出甘汞电极用蒸馏水清洗，再用滤纸吸干外壁水分，套上小胶帽存放盒内。罩上仪器防尘罩，填写仪器使用记录。

【注意事项】

(1)玻璃电极在使用前需浸泡在蒸馏水中活化 24 h。

(2)玻璃电极在使用前应检查有无裂缝及污物，有裂缝应调换新电极，有污物可用 0.1 mol/L HCl 清洗。

(3)玻璃电极在使用前应使球内无气泡，并使溶液浸没电极。

(4)仪器的输入端(测量电极口)必须保持清洁，防止灰尘和潮气进入插孔。

【思考题】

(1)在测量溶液的 pH 时，为什么 pH 计要用标准 pH 缓冲溶液进行定位？

(2)有哪些因素会给 pH 测定带来误差？

实训 1.2 永停滴定法测定盐酸普鲁卡因注射液中盐酸普鲁卡因的含量

【实验目的】

熟悉亚硝酸钠滴定法的基本原理；掌握永停滴定法指示终点的原理及操作。

【实验原理】

盐酸普鲁卡因分子结构中具有芳伯胺基，在酸性条件下可与亚硝酸钠定量反应生成重氮化合物，可采用永停滴定法指示终点。即在滴定过程中用两个相同的铂电极，当在电极间加一低电压时，若电极在溶液中极化，则在未到滴定终点前，仅有很少或无电流通过，电流计指针不发生偏转或偏转后即回复到初始位置;但当到达滴定终点时,滴定液略有过剩,使电极去极化,电流计指针发生偏转。发生如下氧化还原反应。

阴极:$HNO_2 + H^+ + e \longrightarrow NO + H_2O$

阳极:$NO + H_2O - e \longrightarrow HNO_2 + H^+$

此时,溶液中即有电流通过,电流计指针突然偏转,并不再回复,即为滴定终点。

【仪器与试剂】

(1)仪器:ZYT-2 型自动永停滴定仪;铂电极。

(2)试剂:水(新沸放置至室温);亚硝酸钠滴定液(0.05 mol/L);盐酸;盐酸普鲁卡因注射剂。

【实验步骤】

1)亚硝酸钠滴定液(0.05 mol/L)的配置

(1)配制。取亚硝酸钠 7.2 g,加无水碳酸钠 0.10 g,加水适量使溶解成 1 000 mL,摇匀。

(2)标定。取在 120 ℃干燥至恒重的基准对氨基苯磺酸约 0.5 g,精密称定,加水 30 mL 与浓氨试液 3 mL,溶解后,加盐酸(1→2)20 mL,搅拌,在 30 ℃以下用本液迅速滴定,滴定时将滴定管尖端插入液面下约 2/3 处,随滴随搅拌;至近终点时,将滴定管尖端提出液面,用少量水洗涤尖端,洗液并入溶液中,继续缓缓滴定,用永停法指示终点。每 1 mL 的亚硝酸钠滴定液(0.1 mol/L)相当于 17.32 mg 的对氨基苯磺酸。根据本液的消耗量与对氨基苯磺酸的取用量,算出本液的准确浓度,即得。如需用亚硝酸钠滴定液(0.05 mol/L)时,可取亚硝酸钠滴定液(0.1 mol/L)加水稀释制成。必要时标定浓度。

2)自动永停滴定仪的使用

(1)排气泡。打开电源开关,三通阀置吸液位(阀体调节帽顺时针旋到底,洗液指示灯亮)按吸液键,泵管活塞下降,标准液被吸入泵体,下移到极限位时自动停止,再转三通阀到注液位(反时针旋到底,注液指示灯亮)按注液键,泵管活塞上移,先赶走泵体内的气泡,活塞上移到上限位时,自动停止,随后再在吸液位按吸液键。一般反复二三次就可赶走泵体和液路管道中的所有气泡,同时在整个液路中充满标准溶液。

(2)设参数。把电极和滴液管下移,浸入被滴液杯中,三通阀置注液位,灵敏度按照药典要求置 10^{-9} A,极化电极 -50 mV,门限值调至中间位。

(3)装样。将样品装入烧杯,杯中放入搅拌棒,打开搅拌开关,调节搅拌棒速度使其速度适中。

(4)滴定。精密量取本品适量(约相当于 0.1 g),置烧杯中,加水 40 mL 与盐酸溶液(1→2)15 mL,而后置电磁搅拌器上,搅拌使溶解,再加溴化钾 2 g,插入铂-铂电极后,将滴定管的尖端插入液面下约 2/3 处,在 15 ~20 ℃,用亚硝酸钠滴定液(0.05 mol/L)迅速滴定,随滴随搅拌,至近终点时,将滴定管的尖端提出液面,用少量水淋洗尖端,洗液并入溶液中,继续缓缓滴定,至电流计指针突然偏转,并不再回复,即为滴定终点。每 1 mL 的亚硝酸钠滴定液(0.05 mol/L)相当于 13.64 mg 的 $C_{13}H_{20}N_2O_2 \cdot HCl$。

【注意事项】

(1)铂电极在使用前可用加有少量三氯化铁的硝酸或用铬酸清洁液浸洗活化。

(2)滴定时电磁搅拌的速度不宜过快,以不产生空气旋涡为宜。

(3)永停滴定仪仪器装置用作重氮化法的终点指示时,调节 R_1 使加于电极上的电压约为 -50 mV。电流计的灵敏度,除另有规定外,重氮化法用 10^{-9} A。

【思考题】

(1)亚硝酸钠滴定法的基本原理是什么?

(2)影响重氮化反应速度的因素有哪些?为什么滴定时将滴定管插入液面下2/3处?

(3)永停滴定法与电位滴定法指示终点的原理有哪些不同之处?

一、填空题

1. 电位分析法中,基于电子变换反应的电极一般分为4类电极。Ag/Ag^+ 属于第________类电极,Ag/AgCl 属于第________类电极,Pt/Fe^{2+}, Fe^{3-} 属于第________类电极。

2. 常见的参比电极有________和________。

3. 电位法测定溶液 pH 值选用的指示电极是________。

4. 电位滴定法指示终点的方法是________。

5. 永停滴定法是根据________确定滴定终点的,所需的电极是________。

二、选择题

1. 电位法属于(　　)。

A. 酸碱滴定法　B. 质量分析法　C. 电化学分析法　D. 光化学分析法

2. 电位分析法中常用的参比电极是(　　)。

A. 0.1 mol/L KCl 甘汞电极　B. 1 mol/L KCl 甘汞电极

C. 饱和甘汞电极　D. 饱和银-氯化银电极

3. 甘汞电极的电极电位与下列哪种因素无关?(　　)

A. 溶液温度　B. $[H^+]$　C. $[Cl^-]$　D. [KCl]

4. 下列可作为基准参比电极的是(　　)。

A. SHE　B. SCE　C. 玻璃电极　D. 惰性电极

5. 膜电位产生的原因是(　　)。

A. 电子得失　B. 离子的交换和扩散　C. 吸附作用　D. 电离作用

6. 玻璃电极的内参比电极是(　　)。

A. 银电极　B. 银-氯化银电极　C. 甘汞电极　D. 标准氢电极

7. 为使 pH 玻璃电极对 H^+ 响应灵敏,pH 玻璃电极在使用前应在(　　)浸泡24 h以上。

A. 自来水中　B. 稀碱中　C. 纯水中　D. 标准缓冲溶液中

8. 电位法测定溶液 pH 值属于(　　)。

A. 直接电位法　B. 电位滴定法　C. 比色法　D. 永停滴定法

9. 普通玻璃电极不宜用来测定 pH<1 的酸性溶液的 pH 值的原因是(　　)。

A. 钠离子在电极上有响应　B. 玻璃电极易中毒

C. 有酸差，测定结果偏高　　D. 玻璃电极电阻大

10. 进行酸碱中和电位滴定时应选择的指示电极是(　　)。

A. 铅电极　　B. 银－氯化银电极　　C. 甘汞电极　　D. 玻璃电极

11. 用碘滴定硫代硫酸钠属于永停法中的(　　)。

A. 滴定剂为可逆电对，被测物为不可逆电对

B. 滴定剂为不可逆电对，被测物为可逆电对

C. 滴定剂与被测物均为可逆电对

D. 滴定剂与被测物均为不可逆电对

12. 滴定分析与电位滴定法的主要区别在于(　　)。

A. 滴定对象不同　　B. 滴定液不同

C. 指示剂不同　　D. 指示终点的方法不同

三、计算题

1. 电池：(－)玻璃电极|H^+(x mol/L)|饱和甘汞电极(＋)，在25 ℃时，用pH等于4.00的缓冲溶液，测得电池的电动势为0.209 V。当缓冲液由未知液代替时，测得电池的电动势为0.088 V，计算未知液的pH值。

2. 钙离子浓度的测定：测得试液(V_x =100 mL)的电位为0.415 V；加入2 mL 0.218 mol/L的Ca^{2+}标液后，测得电位为0.430 V。求试液中Ca^{2+}的浓度。

四、简答题

1. 单独一个电极的电位能否直接测定，怎样才能测定？

2. 何谓指示电极和参比电极，它们在电位法中的作用是什么？

3. 测量溶液pH的离子选择性电极是哪种类型？简述它的作用原理及应用情况。

项目2 光学分析法导论

【知识目标】

了解光学分析方法的分类，物质的颜色与物质所吸收光的关系。理解单色光与复合光的概念，原子光谱与分子光谱的概念。掌握电磁辐射的性质，电磁辐射能量与波长的关系，物质对光的相互作用。

【技能目标】

会计算电磁辐射的能量，能解释物质产生的颜色。

【项目简介】

光学分析法(Spectral Analysis)，利用待测物质受到光的作用后，产生的光信号或光信号的变化，通过各种光学分析仪器检测处理这些信号，从而获得待测物质信息的分析方法。光学分析法是现代仪器分析中应用最广泛的一类分析方法，主要应用在物质组成和结构的研究、基团的识别、几何构型的确定、定量分析等方面。

为了更好地学习光学分析法，首先必须学习掌握光的基本性质、光与物质间的相互作用及光学分析法的分类等基础知识。

【工作任务】

任务2.1 电磁辐射的性质

电磁辐射又称为电磁波，是一种以巨大速度通过空间，不需要任何物质作传播媒介的能量。光就是人们最熟悉的一种电磁辐射。电磁辐射具有波动性和粒子性。

2.1.1 波动性

电磁辐射的传播以及反射、折射、散射、衍射及干涉等现象表现出电磁辐射具有波的性质。根据麦克斯韦的观点，电磁波可用电场和磁场两个矢量来描述。如图2.1所示，当一束电磁波沿

z 轴方向传播,其电场矢量(E)和磁场矢量(H)相应地在 x 轴方向和 y 轴方向发生周期性变化,且两种矢量均为正弦波。一般用以下参数描述电磁辐射的波动性。

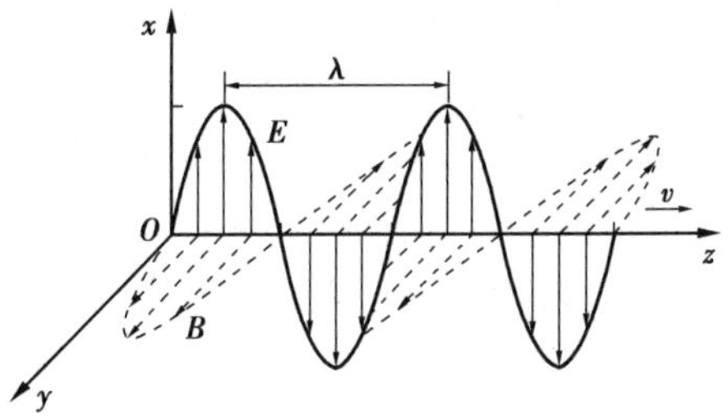

图 2.1 电磁波的传播

(1)周期(T)

电磁波相邻两个波峰或波谷通过空间某一固定点所需的时间间隔,单位为秒(s)。

(2)频率(ν)

单位时间内电磁波振动的次数,是周期的倒数,单位为赫兹(Hz)或 s^{-1}。电磁波的频率只取决于辐射源,与通过的介质无关。

(3)波长(λ)

相邻两个波峰或波谷间的直线距离,常用的单位有 nm,μm,cm,m。

(4)波数(σ)

每厘米内波的振动次数,单位为 cm^{-1}。若波长单位为 cm,则波数与波长互为倒数。

(5)波速(v)

电磁波传播的速度。介质不同,电磁波的传播速度不同。在真空中,电磁波的传播速度等于光速 c ($c = 3 \times 10^8$ m/s)。

2.1.2 粒子性

电磁辐射具有粒子性,表现在电磁辐射与物质相互作用所产生吸收和发射现象时,物质吸收或发射的辐射能量是不连续的能量微粒,它是由光子或光量子所组成的。光子所具有的能量取决于其电磁辐射的频率,可用普朗克关系式表示为

$$E = h\nu = hc/\lambda = hc\sigma \qquad (2.1)$$

式中 E——能量,eV 或 J,1 eV $= 1.60 \times 10^{-19}$ J;

h——普朗克常数(6.626×10^{-34} J·s)。

普朗克方程成功地将属于电磁辐射的波动性概念频率(波长、波数)与属于粒子性概念的光子能量联系在一起。从式(2.1)可知,电磁辐射的频率不同,其能量不同,频率越大,波长越短,能量越大;频率越小,波长越长,能量越小。

2.1.3 电磁波谱

电磁辐射按波长(频率、能量)大小顺序排列起来即得到电磁波谱。电磁波谱依据各电磁辐射的波长不同,可分为不同的光谱区域(见表 2.1)。

表 2.1 电磁波谱

电磁波	γ射线	X射线	紫外光	可见光	红外光	微波	无线电波
波长 λ	<0.005 nm	0.005 ~ 10 nm	10 ~ 400 nm	400 ~ 800 nm	0.80 ~ 1 000 μm	0.1 ~ 100 cm	>100 cm

电磁波谱根据能量的高低,又分为3个波谱区域:

①高能辐射区:γ射线和X射线区,是能谱区。

②中能辐射区:紫外、可见和红外区,它是光学分析法中的光谱区。

③低能辐射区:微波和无线电波区,是波谱区。

电磁波波长不同,能量大小不同,用于不同的光学分析方法。

任务2.2 光与物质的相互作用

2.2.1 色光的互补

1665年,科学家牛顿(Isaac Newton)让一束太阳光通过玻璃三棱镜后投射到光屏上,得到了按照红、橙、黄、绿、青、蓝、紫的顺序排列的光谱,证实了白光是由上述各种颜色的光组成的。如果将上述颜色的光以一定比例混合后,也能获得白光。进一步研究证明,两种适当颜色的光以一定比例混合后也能得到白光。

(1)互补色光

若两种不同颜色的光以一定比例混合能得到白光,则称这两种颜色光为互补色光,这种现象称为色光的互补。不同颜色光的互补色光详见表2.2。

表2.2 不同颜色可见光的波长及其互补色光

波长/nm	400~450	450~458	480~490	490~500	500~560	560~580	580~610	610~650	650~780
颜色	紫	蓝	绿蓝	蓝绿	绿	黄绿	黄	橙	红
互补色	黄绿	黄	橙	红	红紫	紫	蓝	绿蓝	蓝绿

(2)单色光和复合光

单一波长(频率)的光,称为单色光。由两种或两种以上波长(频率)的光组合而成的光,称为复合光,如太阳光。在日常生活中,人们所能看到的其他白光,如白炽灯光、闪电光、电弧光等,它们都是复合光。

2.2.2 物质的颜色

想一想

为什么自然界中不同物质有不同的颜色?为什么在日光下水是无色的,硫酸铜溶液是蓝色的,高锰酸钾溶液是紫色的?为什么有些物质是白色?有些物质是黑色的?

当一束可见光照射到物质上时,一部分光被吸收,一部分被透过,我们所看到物质的颜色实质上是透过光所表现出的颜色。以硫酸铜溶液为例，当一束白光照射到硫酸铜溶液上时，硫酸铜溶液吸收了白光这组复合光中的黄色光，因黄色光和蓝色光是互补色光，黄色光被吸收，而蓝色光被透过，所以看到的硫酸铜溶液是蓝色的。同样地，高锰酸钾溶液是紫色的，是因为它吸收了紫色光的互补色光绿色光。水是无色的，是因为它几乎不吸收光，光全部被透过。

物质的颜色由物质与光的相互作用方式决定，不同物质吸收不同波长的光，即物质对光的吸收是具有选择性的。由于物质选择性吸收了不同波长的光而表现出不同的颜色。物质的颜色实质是它所吸收光的互补色光的颜色。

2.2.3 光与物质的相互作用

光与物质相互接触时，就会与物质相互作用，作用的性质随光的波长（能量）及物质的性质而异。相互作用有吸收、发射、散射、折射、反射、衍射、干涉、偏振等方式，其中，在光学分析法中应用最广泛的是物质对光的吸收与发射。

1）光的吸收

当光辐射与物质接触时，某些频率的光被选择性吸收并使其强度减弱，这种现象称为物质对光的吸收。光被物质吸收的实质就是光辐射的能量已转移到物质的分子或原子中去了。这样，某些频率的光减少或消失，而物质内部的能量增加了，即物质中的分子或原子由能量较低的状态（基态）上升为能量较高的状态（激发态）。

不同物质具有不同结构，构成各物质的微粒（分子、原子、离子）具有各自的特征能级，物质受到光照射时，其中某些光子的能量与物质中微粒的能级差（ΔE）相同时，便能被吸收，并从能量较低状态（通常为基态）跃迁至能量较高状态（激发态）。被吸收的光子的能量或频率可以通过普朗克公式求得

$$h\nu = \Delta E = E - E_0$$

$$\text{M（基态）} + h\nu \longrightarrow \text{M}^*\text{（激发态）}$$

式中 E——物质激发态能量；

E_0——物质基态能量，eV。

这说明物质只能吸收能量等于其特征能级差的光，不同物质的组成、结构不同，它们所对应的特征能级差也不同。因此，所吸收的光的颜色和波长也不同，这就是物质对光的选择性吸收的实质。

物质对光的吸收产生的光谱称为吸收光谱。由于各种物质所具有的能级数目和能级间的能量差不同，它们所吸收的光的波长和强度不同，具有各自的特征吸收光谱，根据这些特征光谱，可进行定性分析，而吸收光谱强度的大小可作为定量分析的依据。

2）光的发射

物质的粒子吸收能量后，从低能态（一般为基态）跃迁至高能态（激发态），处于激发态的粒子是不稳定的，在短暂的时间内（约 10^{-8} s）内又从激发态跃回基态。物质从激发态跃迁至低能态或基态可以不同形式释放出能量，在此过程中，若以光辐射的形式释放出多余的能量，这种现象称为光的发射。按其发生的本质，可分为原子发射、分子发射及 X 射线等。

$$\text{M}^*\text{（激发态）} \longrightarrow \text{M（基态）} + h\nu$$

物质对光的发射产生的光谱叫发射光谱。由于不同原子或分子的能级不同,其发射的光谱各不相同,具有各自的特征发射光谱。利用这些特征光谱,可以进行定性分析,而发射光谱强度的大小可作为定量分析的依据。

任务 2.3 原子光谱与分子光谱

光学分析法可分为非光谱法和光谱法两大类。非光谱法是基于物质与电磁辐射相互作用时,测量电磁辐射的某些性质,如折射、散射、干涉、衍射和偏振等变化的分析方法。非光谱法不涉及物质内部能级的跃迁,电磁辐射只改变了传播方向、速度或某些物理性质。属这类分析方法的有折射法、偏振法、光散射法、干涉法、衍射法、旋光法等。

光谱法是基于物质与电磁辐射作用时,物质内部发生量子化的能级跃迁而产生了对电磁辐射的吸收、发射,测量物质吸收、发射的电磁辐射的波长、强度进行分析的方法。本书主要介绍光谱法。光谱法根据辐射作用的物质对象不同,一般分为原子光谱和分子光谱两大类。

2.3.1 原子光谱

原子光谱是气态原子或离子外层电子在不同能级间跃迁而产生的光谱(图 2.2)。原子的能级主要由电子能级构成,电子能级间的能量差较大,处于气相的单个原子发生电子能级跃迁所产生的锐线,线宽大约为 10^{-4} A。所以原子光谱表现形式为线性光谱。原子光谱包括原子吸收、原子放射、原子荧光光谱等。

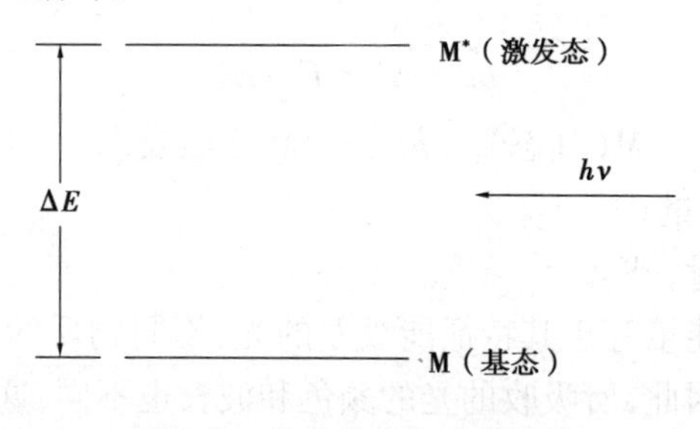

图 2.2 原子外层电子能级图

1)原子发射光谱

基态原子在外界能量(如光能、电能、热能等)的作用下,便跃迁到激发态。激发态原子寿命很短,一般大约在 10^{-8} s 内又返回到基态并发射出特征谱线。原子这种由高能态跃迁回到基态而产生的光谱称为原子发射光谱。各种原子因其结构不同,获得的发射光谱也不相同。故其发射谱线为相应元素的特征谱线,根据谱线的特征和强度可分别对不同元素进行定性和定量分析。

2)原子吸收光谱

当光辐射通过基态原子蒸气时,基态原子吸收与其能级跃迁相等的能量,从基态跃迁到激发态。由原子这种选择性吸收而获得的特征光谱称为原子吸收光谱。根据谱线的特征和强度可分别对不同元素进行定性和定量分析。

3)原子荧光光谱

气态自由原子吸收特征波长的辐射后,原子的外层电子从基态或低能态跃迁到高能态,多数与体系中共存粒子相互碰撞,把激发能转变为热能,其他激发态原子则通过光辐射的形式释放能量而跃迁回到基态,这种光辐射称为原子荧光。原子荧光光谱实质上也是发射光谱(光致发光)。

2.3.2　分子光谱

分子光谱法是由分子中电子能级、振动和转动能级的跃迁产生的光谱。在分子中,除了电子相对于原子核的运动外,还有原子或原子团在其平衡位置作相对振动、整个分子绕其轴的转动。这3种运动能量都是量子化的,并对应有一定能级,如图2.3所示。

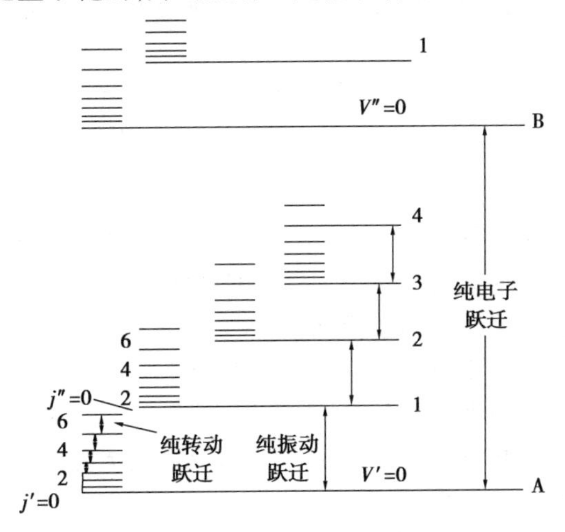

图2.3　分子能级图

对于分子,每一个电子能级一般包含几个可能的振动能级,同样,一个振动能级又包括几个转动能级。由于各能级间的能量差较小,因而产生的谱线不易分辨开,而形成所谓的带状光谱,其带宽达几个至几十个纳米(nm);所以分子光谱表现形式为带光谱。按照光谱产生的机理,可将常用的分子光谱分为分子吸收光谱和分子发射光谱。

1)分子吸收光谱

基态分子通过对辐射能进行选择性地吸收后跃迁到较高能级所产生的光谱称为分子吸收光谱。根据跃迁类型的不同,可将分子吸收光谱分为电子光谱、振动光谱、转动光谱,其中电子能级跃迁所需要的能量较大,故光谱的波长范围位于紫外光区和可见光区,又称为紫外-可见吸收光谱;振动能级间隔约比电子能级小10倍,一般为0.05~1 eV,相当于红外光的能量,故振动能级的跃迁所产生的振动光谱又称为红外吸收光谱;而转动能级间隔一般小于0.05 eV,相当于远红外甚至微波的能量。因此,由转动能级跃迁而产生的转动光谱又称远红外光谱。

2)分子发射光谱

分子由激发态回到基态或较低能态所产生的光谱称为分子发射光谱,主要包括分子荧光光谱、分子磷光光谱和化学发光光谱。荧光和磷光虽然都是光致发光,但二者的发光机理不同。在实验上可通过观察激发态分子寿命的长短来加以判断。对荧光而言，当入射光停止照射，发光现象几乎立即（为 10^{-9} ~ 10^{-6} s）停止；对磷光而言，当入射光停止照射后，发光现象还可持续一段时间（为 10^{-3} ~ 10 s）。化学发光是在化学反应中产生的光辐射，它由参与化学反应的反应物或产物吸收该反应释放的化学能而被激发并发射光子，或将化学能转移至受体分子，使受体分子发射光子。

一、填空题

1. 电磁辐射是一种高速度通过空间传播的光量子流。它既有__________性质，又有__________性质。

2. 物质的原子得到能量，使其由低能态或基态激发至高能态，当其跃迁回到较低能态或基态而产生的光谱称为__________。

3. 基态分子通过对辐射能进行选择性地吸收后跃迁到较高能级所产生的光谱称为__________。

二、选择题

1. 当光从一种介质传播到另一种介质中时，下列（　　）保持不变。

A. 波长　　B. 频率　　C. 速度　　D. 方向

2. 光的粒子性表现在下述（　　）性质上。

A. 能量　　B. 频率　　C. 波长　　D. 波数

3. 下列（　　）属于分子吸收光谱。

A. 分子荧光光谱　　B. 分子磷光光谱　　C. 化学发光光谱　　D. 紫外－可见光谱

4. 下述光谱属于发射光谱的是（　　）。

A. 红外光谱　　B. 分子荧光光谱　　C. 核磁共振波谱　　D. 紫外可见光谱

5. 下列光谱属于线光谱的是（　　）。

A. 分子荧光光谱　　B. 原子吸收光谱　　C. 红外光谱　　D. 紫外－可见光谱

6. 紫外－可见光谱的产生是由于分子在吸收紫外无或可见光后，发生（　　）类型的跃迁。

A. 振动能级跃迁　　B. 转动能级跃迁　　C. 电子能级跃迁　　D. 以上答案都不是

三、简答题

1. 简述光的基本性质及其表征。

2. 简述光谱分析法的定义和分类。

项目3　紫外-可见吸收光谱分析技术

【知识目标】

了解紫外－可见吸收光谱的产生及特征，紫外－可见分光光度计的主要部件及其类型。理解朗伯－比尔定律和应用条件及其偏离因素。掌握紫外－可见分光光度法的定性分析和定量分析方法及其应用。

【技能目标】

能根据朗伯－比尔定律进行简单计算，能正确使用紫外－可见分光光度计，会简单维护。

【项目简介】

紫外－可见吸收光谱即紫外吸收光谱和可见吸收光谱，是指物质的分子吸收紫外光或可见光后，外层电子发生能级跃迁而产生的吸收光谱，属于分子光谱。不同物质的分子结构不同，对光辐射的吸收情况不同，因而各物质吸收光谱也不同。紫外－可见吸收光谱分析技术(Ultraviolet-Visible Absorption Spectrometry, UV-Vis)，也称为紫外－可见分光光度法，它是利用物质的分子对紫外－可见光谱区(一般认为是200～800 nm)电磁辐射的吸收特性建立起来的一种仪器分析方法，可以对物质的组成、含量进行分析和测定。

【工作任务】

任务3.1　基本原理

3.1.1　透光率和吸光度

当一束平行光通过均匀的溶液介质时，光的一部分被吸收，一部分透过溶液，一部分被器皿反射，如图3.1所示。设入射光强度为I_0，吸收光强度为I_a，透射光强度为I_t，反射光强度为I_r，则

$$I_0 = I_a + I_t + I_r \tag{3.1}$$

在进行吸收光谱分析中，先用参比溶液调节仪器的零吸收点，再测被测溶液的透射光强度，所以反射光的影响可从参比溶液中消除，则式(3.1)可简写为

$$I_0 = I_a + I_t \tag{3.2}$$

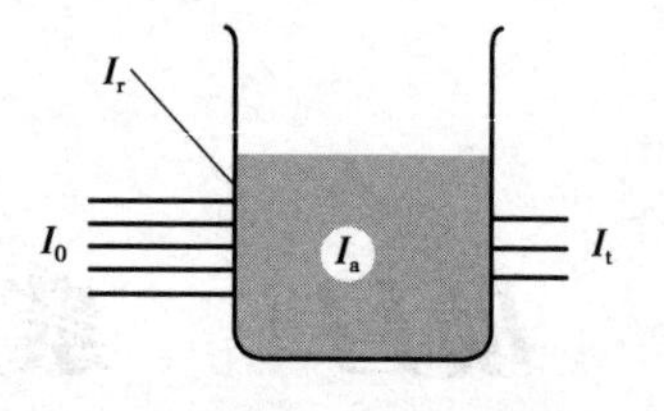

图3.1 物质吸收光示意图

透射光强度 I_t 与入射光强度 I_0 之比定义为透光率或透射比，用 T 表示。

$$T = \frac{I_t}{I_0} \tag{3.3}$$

溶液的 T 越大，表明它对光的吸收越弱；反之，T 越小，表明它对光的吸收越强。

为了更明确地表示物质对光的吸收程度，常用吸光度 A 表示，其定义为

$$A = -\lg T = \lg \frac{I_t}{I_0} \tag{3.4}$$

A 值越大，表明物质对光吸收越强。T 及 A 都是表示物质对光吸收程度的一种量度，T 常以百分数表示；两者可通过式(3.4)相互换算。

3.1.2 光的吸收定律

1)朗伯－比尔定律

朗伯和比尔分别于1760年和1852年研究了吸光度 A 与液层厚度 l 和溶液浓度 c 的定量关系，总结得出光的吸收定律，即朗伯－比尔定律(Lambert-Beer Law)：

$$A = K \cdot c \cdot l \tag{3.5}$$

式中 A——吸光度；

c——溶液浓度；

l——液层厚度；

K——吸光系数，与入射光波长、溶液的性质、温度等因素有关。

(1)定律含义

当一束平行单色光垂直通过一均匀、非散射的吸光物质溶液时，在入射光的波长、强度以及溶液温度等保持不变的条件下，其吸光度 A 与溶液浓度 c 及液层厚度 l 的乘积成正比。

(2)定律适用范围

适用于物质对紫外光、可见光和红外光的吸收；适用于均匀、无散射的溶液、固体和气体。对溶液一般只适用于浓度较低的稀溶液。

(3)吸光度具有加和性

当溶液中同时存在多种吸光物质时，则实际测得的吸光度是几种物质的吸光度之和，即

$$A = A_1 + A_2 + \cdots + A_n \tag{3.6}$$

2)吸光系数

朗伯－比尔定律中的比例系数“K”的物理意义：吸光物质在单位浓度、单位厚度时的吸光度。吸光系数是物质的特性常数，表明物质对某一特定波长光的吸收能力，K 越大，则物质的吸光能力越强。因溶液浓度所取单位不同，K 常有两种表示方法：

(1)摩尔吸光系数(ε)

当浓度 c 的单位为 mol/L、液层厚度 l 用 cm 为单位时,K 用 ε 表示,称为摩尔吸光系数,其单位为(mol · L^{-1})/cm。其表示浓度为 1 mol/L, 液层厚度为 1 cm 的溶液,在一定波长下的吸光度。这时朗伯 - 比尔定律变为

$$A = \varepsilon \cdot c \cdot l \tag{3.7}$$

(2)百分吸光系数($E_{1\ \mathrm{cm}}^{1\%}$)

百分吸光系数也称为比吸光系数,指浓度 c 为 1%(1 g/100 mL),液层厚度 l 为 1 cm 的溶液的吸光度,用 $E_{1\ \mathrm{cm}}^{1\%}$ 表示,单位为 100(mL · g^{-1})/cm。这时朗伯 - 比尔定律变为

$$A = E_{1\ \mathrm{cm}}^{1\%} \cdot c \cdot l \tag{3.8}$$

摩尔吸光系数与百分吸光系数之间的关系为

$$\varepsilon = E_{1\ \mathrm{cm}}^{1\%} \cdot (M/10) \tag{3.9}$$

一定条件下吸光系数是一个特征常数,在温度和波长等条件一定时,吸光系数仅与物质本身的性质有关,与待测物浓度 c 和液层厚度 l 无关,是进行定性和定量分析的依据。同一物质在不同波长时 ε 值不同。不同物质在同一波长时 ε 值不同。

吸光系数不能直接测得,一般用分光光度计测出已知物质浓度溶液的吸光度后,再根据朗伯 - 比尔定律计算出该物质的吸光系数。ε 一般不超过 10^5 数量级,通常认为,$\varepsilon > 10^4$ 为强吸收;$\varepsilon < 10^2$ 为弱吸收;$10^2 < \varepsilon < 10^4$ 为中强吸收。

【例 3.1】 用氯霉素(相对分子质量 M 为 323.15)纯品配制 100 mL 含 2.00 mg 的溶液,使用 1 cm 的吸收池,在波长为 278 nm 处测得透光率为 24.3%,试计算氯霉素在 278 nm 波长处的摩尔吸光系数和百分吸光系数。

解 $A = -\lg T = -\lg 0.243 = 0.614$

$E_{1\ \mathrm{cm}}^{1\%} = A/(c \cdot l) = 0.614 \div (2 \times 10^{-3} \times 1) = 307$

$\varepsilon = E_{1\ \mathrm{cm}}^{1\%} \cdot (M/10) = 307 \times (323.15 \div 10) = 9\ 920$

3)影响朗伯 - 比尔定律的因素

根据朗伯 - 比尔定律,对于同一种物质,当吸收池的厚度一定,以吸光度对浓度作图时,应得到一条通过原点的直线。但在实际工作中,吸光度与浓度之间的线性关系常常发生偏离,产生正偏差或负偏差,如图 3.2 所示。偏离朗伯 - 比尔定律的主要原因有以下几种:

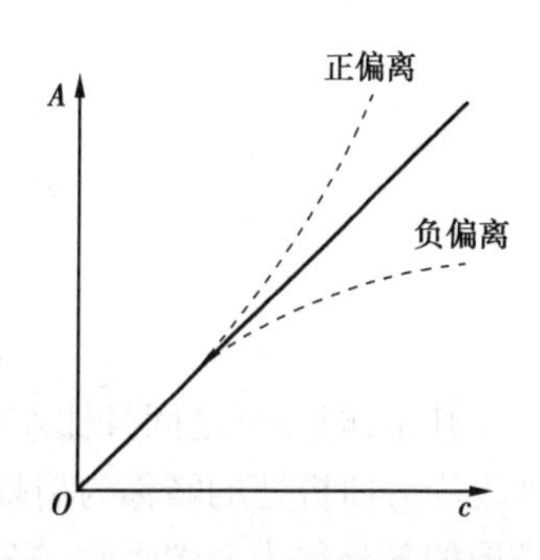

图 3.2 朗伯 - 比尔定律的偏差

(1)溶液浓度

朗伯 - 比尔定律,只有在稀溶液中才能成立。在高浓度(通常 $c > 0.01$ mol/L)时,吸光质点之间的平均距离缩小到一定程度,邻近质点彼此的电荷分布都会相互受到影响,此影响能改变它们对特定辐射的吸收能力,而可导致 A 与 c 线性关系发生偏差。

(2)化学因素

溶液中吸光物质常因离解、缔合、配位、互变异构以及与溶剂作用等化学变化改变其浓度,因而导致偏离朗伯 - 比尔定律。

(3)仪器因素

朗伯－比尔定律成立的前提是"单色光",实际上真正的单色光却难以得到。单色光仅是一种理想情况,即使用棱镜或光栅等所得到的单色光,实际上也是有一定波长范围的光谱带,单色光的纯度与狭缝宽度有关,狭缝越窄,它所包含的波长范围也越窄。由于吸光物质对不同波长的光的吸收能力不同(ε 不同),就导致偏离朗伯－比尔定律。

(4)其他因素

被测样品是非均相体系,入射光经过不均匀的样品时,会有一部分光因发生散射而损失,从而使透光强度减小,致使偏离朗伯－比尔定律。入射光是非平行光,也能导致偏离朗伯－比尔定律。

综上所述,利用朗伯－比尔定律进行测定时,应使用平行的单色光,对浓度较低的均匀、无散射、具有恒定化学环境的待测样品溶液进行分析。

3.1.3 紫外－可见吸收光谱

在溶液浓度和液层厚度一定的条件下,在紫外－可见区将不同波长单色光依次通过被测溶液,测得不同波长下的吸光度,以波长 λ 为横坐标,以吸光度 A 为纵坐标作图,得到光吸收程度随波长变化的关系曲线称为吸收曲线,又称吸收光谱。一定浓度的溶液对不同波长光的吸收程度不同,在吸收曲线中吸收最大且比左右相邻都高之处,称为吸收峰,对应的波长为最大吸收波长,用 λ_{max} 表示,如图 3.3 所示。

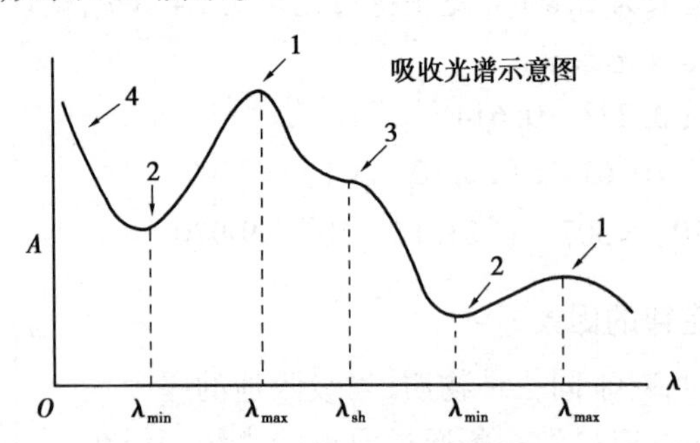

图 3.3 吸收光谱示意图

1—吸收峰;2—谷;3—肩峰;4—末端吸收

其中,峰与峰之间且比左右相邻都低之处,称为吸收谷。其对应波长用 λ_{min} 表示;在最大吸收峰旁曲折处的峰称为肩峰。在吸收光谱中曲线波长最短,呈现出强吸收,吸光度大但不成峰形的部分称为末端吸收。分析物质的吸收光谱会发现:

①同一物质对不同波长的吸光度不同。

②同一物质不同浓度,其吸收曲线形状相似,λ_{max} 相同,但在同一波长处的吸光度随溶液浓度降低而减小。这是利用吸收光谱进行定量分析的依据。

③不同物质相同浓度,其吸收曲线形状不同,λ_{max} 不同,λ_{max} 与物质的性质有关。这是利用吸收光谱进行定性分析的依据。

任务3.2　紫外-可见分光光度计

3.2.1　基本构造

紫外-可见分光光度计是用于测量物质对紫外及可见光区任意波长单色光的吸收程度的仪器。随着光学和电子学技术的不断发展,紫外、可见分光光度计的测量精度和自动化程度也不断提高。目前紫外-可见分光光度计的型号繁多,但各种仪器的主要组成及工作原理相似,其基本结构都是由光源、单色器、吸收池、检测器和显示器5个部分组成,如图3.4所示。

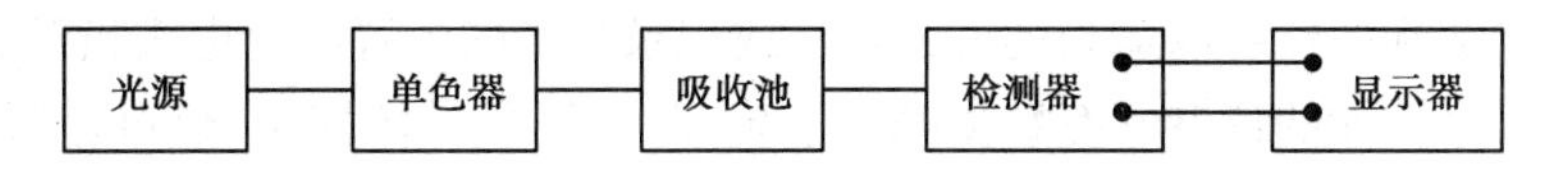

图3.4　紫外-可见分光光度计基本结构图

1)光源

光源是提供仪器工作所需的连续入射光的装置,要求有足够的辐射强度和良好的稳定性。常用光源有氢灯(氘灯)、钨灯(卤钨灯)两类。

①氢灯或氘灯,为气体放电光源,发射波长为150~400 nm的连续光谱,适用于200~380 nm紫外光区的吸收测量。氘灯的使用寿命和发光强度优于氢灯。现在仪器多配用氘灯。

②钨灯或卤钨灯,能发射波长范围为320~1 000 nm的连续光谱,用作测量可见区的吸收光谱。卤钨灯比钨灯的使用寿命长,发光强度好,现在仪器常用卤钨灯。

2)单色器

单色器是从光源提供的连续光谱中择出测量所需的某波长单色光的装置。由色散元件、狭缝、准直镜等光学元件构成,如图3.5所示。

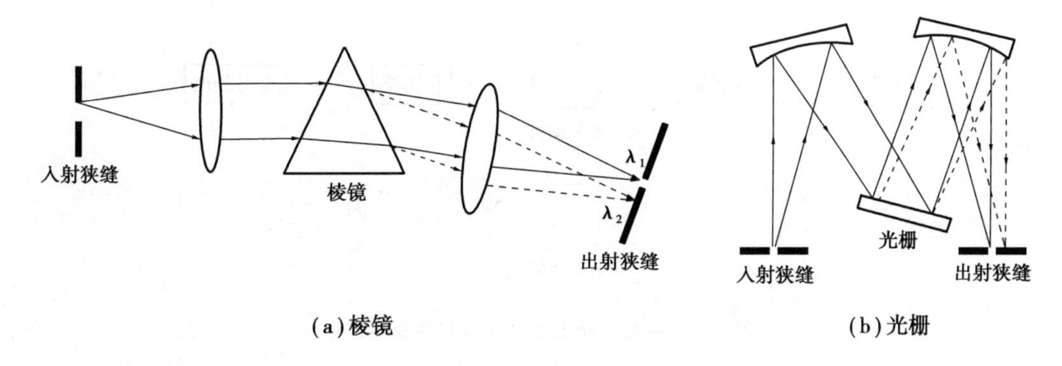

图3.5　单色器工作原理

①色散元件是把混合光分散为单色光的元件是单色器的关键部分。常用的色散元件有棱镜和光栅。

②狭缝包括入口狭缝和出口狭缝。入口狭缝限制来自光源的杂散光进入系统;出口狭缝

使测量所需波长的单色光通过。

③准直镜将来自于入口狭缝的发散光变成平行光投射到色散元件上,把来自于色散元件的平行光聚焦于出口狭缝。

3)吸收池

吸收池也称为比色皿,是用于盛放样品溶液的器皿,一般为长方体,有玻璃和石英两种不同材质。玻璃吸收池因为能吸收紫外光,所以只能用于可见区测定,石英吸收池可用于紫外区和可见区测定。吸收池大小规格不一,一般常用1 cm的吸收池。

4)检测器

检测器是用于检测单色光通过溶液后透过光的强度,并将接受到的光信号转变成电信号的装置。常见的检测器有光电管和光电倍增管。

5)显示器

将检测器检测到的信号以适当的方式显示或记录下来的装置。有电表指针、数字显示、自动记录装置等。高性能的仪器配有数据处理系统,既可进行操作控制,也可进行曲线扫描、数据处理和结果打印。

3.2.2 常见类型

紫外可见分光光度计的类型有很多,根据仪器结构可分为单光束分光光度计、双光束分光光度计和双波长分光光度计3种,其中单光束分光光度计和双光束分光光度计属于单波分光光度计。

1)单光束分光光度计

光源发出的光经过一个单色器分光后得到一束单色光,单色光轮流通过参比溶液和样品溶液,从而完成对溶液吸光度的测定,如图3.6所示。该类型仪器结构简单、价格便宜,但测量结果受杂散光和光源波动的影响较大,准确度较差。常见的有751G型、752型、754型等紫外-可见分光光度计,721型、722型、723型、724型等可见分光光度计。

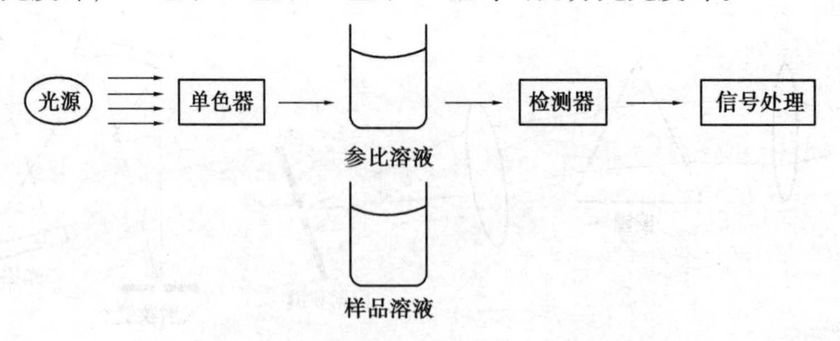

图3.6 单光束分光光度计工作流程示意图

2)双光束分光光度计

光源发出的光经过一个单色器分光后得到的单色光被切光器分为强度相等的两束光,分别通过参比溶液和样品溶液,如图3.7所示。由于两束光是同时通过参比溶液和样品溶液,因此,能自动消除光源强度变化所引起的误差。该类型仪器的灵敏度较好,但结构较复杂、价格较贵。常见的有国产 UV-2100 型、UV-730 型、UV-763 型、UV-760MC 型、UV-760CRT 型、日本岛津 UV-2450 型等。

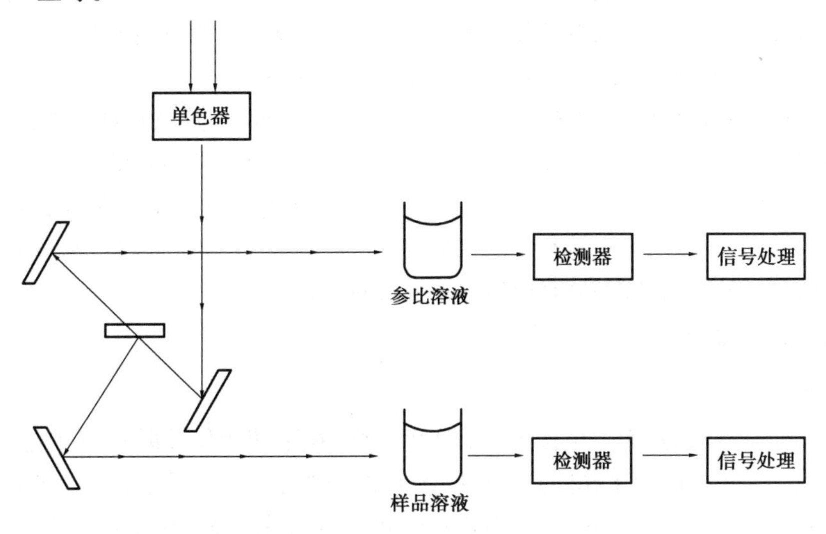

图 3.7　双光束分光光度计工作流程示意图

3)双波长分光光度计

同一光源发出的光被分成两束，分别经过两个单色器，得到两束不同波长的单色光，再利用切光器使两束不同波长的单色光以一定频率交替照射同一溶液，然后再经检测和信息处理最后得到两波长处的吸光度的差值，如图 3.8 所示。双波长分光光度一定程度地消除了背景干扰及共存组分的干扰，提高了测量准确度。特别适合混合物和浑浊样品的定量分析。不足之处是价格昂贵。常见的有国产 WFZ800S、日本岛津 UV-300 型、UV-365 型等。

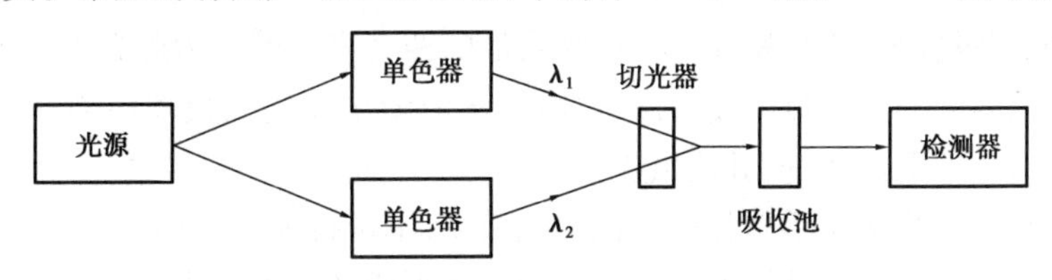

图 3.8　双波长分光光度计工作流程示意图

紫外-可见分光光度计虽然是一类有着悠久历史的分析仪器，但每一次吸收新的技术成果都使它焕发出新的活力。从今后的发展来看，随着各种新技术的开发、应用，使分光光度计向更加自动化、智能化的方向发展。

3.2.3　保养与维护

1)使用注意事项

①仪器预热后，开始测量前反复调透光率 0% 和透光率 100%；仪器连续使用不应超过 2 h，否则最好间歇 0.5 h 后再使用。

②实验过程中，参比溶液不要拿出样品室，可随时将其置入光路以检查吸光度零点是否有

变化。若不为“00.0”,则不要先调节吸光度调零钮,而应将选择开关置于“T”挡,用100%旋钮调至“100.0”,再将选择开关置于“A”,这时如不为“00.0”方可调节吸光度调零钮。

③实验过程中,若大幅度改变测试波长,需等数分钟才能正常工作(因波长大幅度改变,光能量急剧变化,光电管响应迟缓,需一段光响应平衡时间)。

④拿取比色皿时,只能用手捏住毛玻璃的两面,装待测液时,应用待测液润洗2~3次,保证待测液浓度不变,倒入的溶液应在2/3~3/4处,不能太少或太满,放入时应将透光面对着光路;比色皿要根据溶液颜色的深浅选择厚度;实验完后用专用的洗涤液以及蒸馏水洗净晾干后存放在比色皿盒内,不能用碱溶液和强氧化剂洗涤,以免腐蚀玻璃或使比色皿粘接处脱胶。

⑤测量时最好从低浓度到高浓度进行,这样可减少误差。

2)日常保养与维护

(1)光源

光源的寿命是有限的,为了延长光源的使用寿命,在不使用仪器时不要开光源灯,应尽量减少开关次数。在短时间的工作间隔内可以不关灯。刚关闭的光源灯不能立即重新开启。

仪器连续使用时间不应超过2 h。若需长时间使用,最好间歇30 min。如果光源灯亮度明显减弱或不稳定,应及时更换新灯。更换后要调节好灯丝位置,不要用手直接接触窗口或灯泡,避免油污黏附。若不小心接触过,要用无水乙醇擦拭。

(2)单色器

单色器是仪器的核心部分,装在密封盒内,不能拆开。选择波长应平衡地转动,不可用力过猛。为防止色散元件受潮生霉,必须定期更换单色器盒干燥剂(硅胶)。若发现干燥剂变色,应立即更换。

(3)吸收池

必须正确使用吸收池,应特别注意保护吸收池的两个光学面。为此必须做到:

①测量时,池内盛的液体量不要太满,以防止溶液溢出而浸入仪器内部,若发现吸收池架内有溶液遗留,应立即取出清洗,并用纸吸干。

②拿取吸收池时,只能用手指接触两侧的毛玻璃,不可接触光学面。

③不能将光学面与硬物或脏物接触,只能用擦镜纸或丝绸擦拭光学面。

④凡含有腐蚀玻璃的物质(如F,$SnCl_2$,H_3PO_4等)的溶液,不得长时间盛放在吸收池中。

⑤吸收池使用后应立即用水冲洗干净,有色物污染可以用3 mol/L HCl和等体积乙醇的混合液浸泡洗涤。生物样品、胶体或其他在吸收池光学面上形成薄膜的物质要用适当的溶剂洗涤。

⑥不得在火焰或电炉上进行加热或烘烤吸收池。

(4)检测器

光电转换元件不能长时间曝光,且应避免强光照射和受潮、积尘。

(5)停止工作后应注意的问题

当仪器停止工作时,必须切断电源。为了避免仪器积灰和沾污,在停止工作时,应盖上防尘罩。仪器若暂时不用要定期通电,每次不少于20 min,以保持整机的干燥状态,并且维持电子元器件的性能。

任务3.3　分析条件的选择

在分析工作中,为了使测量结果有较高的灵敏度和准确度,必须选择合适的实验条件,对分析条件进行优化。紫外-可见分光光度法的分析条件主要是指仪器测量条件、显色反应条件、参比溶液的选择。

3.3.1　测量条件

1)测量波长

选择入射光波长的依据是被测物的吸收曲线。一般情况下,选择最大吸收峰的吸收波长作为入射光波长。因为在 λ_{max} 处待测组分每单位浓度所改变的吸光度大,灵敏度高;且在 λ_{max} 处吸光度随波长的变化最小,准确度高。但如果 λ_{max} 处吸收峰太尖锐,则在满足分析灵敏度的前提下,选择次一级的吸收强度的吸收峰或肩峰对应波长作为测量波长。

2)仪器狭缝宽度

理论上,定性分析采用最小的狭缝宽度,在定量分析中,为避免狭缝太小,出射光太弱测量灵敏度降低,可将狭缝开大一点。通过测定 A 随狭缝宽度的变化规律,可选择出合适的狭缝宽度。狭缝宽度在某个范围内,A 值恒定,狭缝宽度增大至一定程度时 A 减小,因此,合适的狭缝宽度是在吸光度不减小时的最大狭缝宽度。

3)吸光度的范围

吸光度 A 为0.3~0.7时,实验偶然变动因素(光源的稳定性、测量环境改变等)对测量结果的影响较小,相对误差较小。因此,在测量时,通常选择吸光度的测量范围为0.2~0.8。若超出该范围,可通过改变比色皿规格、稀释溶液浓度等方法进行调节。

3.3.2　显色条件

分光光度法的许多分析都建立在比色分析基础上,如果待测组分本身没有颜色或颜色很浅,那么就无法直接进行测定,需通过化学反应将待测组分转变为有色物质,然后进行测定。这种将试样中待测组分转变成有色化合物的反应,称为显色反应,与待测组分反应形成有色化合物的试剂称为显色剂。

$$\underset{\text{待测组分}}{M} + \underset{\text{显色剂}}{R} \rightleftharpoons \underset{\text{有色化合物}}{MR}$$

1)显色反应的要求

一般同一种组分可与多种显色剂反应生成不同的有色物质,分析时,究竟选用何种显色反应较适宜,应考虑以下几个因素。

①显色反应灵敏度高。比色分析中待测样品组分含量少,因此,要求显色剂与待测组分之

间的显色反应具有很好的灵敏度。

②显色剂选择性好。显色剂只与待测组分发生显色反应,而与溶液中的共存组分不发生反应,干扰少,这样仪器测量的数据才有很好的准确度。

③显色剂的对照性要高。显色剂与产物的颜色差异明显,通常用被测物质(或产物)与溶剂的最大吸收波长之差来衡量,差值越大,颜色差异越明显。

④显色反应产物稳定。要求显色反应产物稳定、组成恒定,不受空气、光等因素的影响。

2)显色条件的选择

(1)显色剂用量

显色剂的适宜浓度或用量需要通过实验确定。在一系列相同待测组分溶液中加入不同浓度的显色剂,测定溶液的吸光度随显色剂的浓度变化曲线,在吸光度随显色剂浓度变化不大的范围内,确定显色剂的加入量。

(2)溶液的 pH

多数显色剂是有机弱酸或弱碱,溶液的 pH 影响显色反应的完全程度。显色反应的最适宜 pH 的范围可通过实验确定。通常做法是测定某一固定浓度待测组分溶液吸光度随溶液 pH 的变化曲线,吸光度恒定(或变化较小)所对应的 pH 为显色反应的最适宜 pH。

(3)显色反应的时间

各种显色反应的速度不同,反应完全所需时间不同,所以需要确定合适的反应时间。实际工作中,确定适宜显色时间的方法是配制一份显色溶液,从加入显色剂开始,每隔一定时间测一次吸光度,绘制吸光度-时间关系曲线。曲线平坦部分对应的时间就是测定吸光度的最适宜时间。

(4)显色温度

显色反应一般在室温下进行,但反应速度太慢或常温下不易进行的显色反应需要升温或降温。显色反应最适宜的温度也是通过实验确定的。

3.3.3 参比溶液

参比溶液是用来调节工作零点,即 $A=0$,$T\%=100\%$ 的溶液,以消除溶液中其他基体组分以及吸收池和溶剂对入射光的反射和吸收所带来的误差。根据情况的不同,常用空白溶液有以下选择:

(1)溶剂作参比溶液

当溶液中只有待测组分在测定波长下有吸收,而其他组分无吸收时,用纯溶剂作参比溶液。

(2)试剂作参比溶液

如果显色剂在测定波长下有吸收时,需要消除显色剂对测量结果的影响,用加入显色剂的溶剂作参比溶液。

(3)试样作参比溶液

如果试样中其他离子在测定波长下有吸收,而显色剂无吸收,用不加显色剂的试样溶液作参比溶液。

(4)平行操作参比溶液

若显色剂、样品溶液中其他共存组分均在测定波长下有吸收时,用显色剂与除待测组分外的其他共存组分组成的溶液作参比溶液。

任务3.4 紫外-可见吸收光谱技术的应用

紫外-可见分光光度法具有灵敏度高、准确度高、选择性好、操作简便、快速安全、样品用量少等特点,在医学、药学领域,紫外-可见分光光度法有很重要的用途。目前,紫外-可见分光光度法已在药物分析、含量检测等方面得到了广泛的应用。在国内外的药典中,已将众多的药物紫外,可见吸收光谱的最大吸收波长和吸收系数载入其中,为药物分析提供了好的手段。既可用于定性分析又可用于定量分析。

3.4.1 定性分析

1)物质鉴别

根据物质的吸收光谱形状、吸收峰数目、各吸收峰的波长位置、强度和相应的吸光系数值等进行鉴别。

(1)对比吸收光谱的一致性

当有标准化合物时,在相同条件下,测定未知物和已知标准物的吸收光谱,并进行图谱对比,如果二者的图谱完全一致,则可初步认为待测物质与标准物是同一种化合物;当没有标准化合物时,可将未知物的吸收光谱与各国药典中收录的该药物的标准谱图进行对照比较,如果二者的图谱有差异,则二者非同一物质。

(2)对比吸收光谱特征数据

最常用于鉴别的吸收光谱特征数据有吸收峰的波长λ_{max}、吸光系数ε_{max}、$E_{1\ cm}^{1\%}$,有时也用吸收谷或肩峰值和吸收峰值的特征数据同时作为鉴别的依据。

【案例3.1】 盐酸布比卡因(原料药)鉴别方法(ChP2015)

取本品,精密称定,按干燥品计算,加0.01 mol/L盐酸溶液溶解并定量稀释成每1 mL中含0.40 mg的溶液,照紫外-可见分光光度法测定,在263 nm与271 nm的波长处有最大吸收,其吸收度分别为0.53~0.58与0.43~0.48。

【案例3.2】 维生素B_1吸收系数的测定方法(ChP2015)

取本品,精密称定,加盐酸溶液(9→1 000)溶解并定量稀释制成每1 mL约含12.5 μg的溶液,照紫外-可见分光光度法,在246 nm的波长处测定吸光度,吸收系数($E_{1\ cm}^{1\%}$)为406~436。

(3)对比吸光度(或吸光系数)的比值

对比不同吸收峰(或峰与谷)处测得吸光度之间的比值。

【案例 3.3】 维生素 B_{12}(原料药)鉴别方法(ChP2015)

取含量测定项下的溶液(取维生素 B_{12} 加水溶解并定量稀释制成每 1 mL 中约含 25 μg 的溶液),照紫外 - 可见分光光度法测定,在 278,361 与 550 nm 的波长处有最大吸收。361 nm 波长处的吸光度与 278 nm 波长处的吸光度的比值应为 1.70 ~ 1.88。361 nm 波长处的吸光度与 550 nm 波长处的吸光度的比值应为 3.15 ~ 3.45。

2)杂质的限量检测

不影响药物的疗效和不发生毒性的前提下,允许药物中存在有一定量的杂质,这一允许量称为杂质的限量。

(1)化合物某波长处无吸收,杂质有吸收,规定测定条件下吸光度值

【案例 3.4】 肾上腺素中酮体的检查(ChP2015)

取本品,加盐酸溶液(9→2 000)制成每 1 mL 中含 2.0 mg 的溶液,照紫外 - 可见分光光度法,在 310 nm 的波长处测定,吸光度不得超过 0.05。

(2)规定峰谷吸收度的比值

【案例 3.5】 碘解磷定注射液检查项下(ChP2015)

分解产物避光操作。取含量测定项下的溶液[取药品,加盐酸(9→1 000)稀释制成约 12 μg/mL 溶液],在 1 h 内,照紫外 - 可见分光光度法,在 294 nm 与 262 nm 的波长处分别测定吸光度,其比值应不小于 3.1。

3.4.2 定量分析

凡是在紫外或可见光区有较强吸收的物质,或者试样本身没有吸收,但可通过化学方法把它转变成在该区有一定吸收强度的物质,那么,这些物质都可进行定量分析。定量分析的依据是朗伯 - 比尔定律。

1)单组分定量分析

单组分定量分析是对溶液中某一种组分定量测定的方法,要求试样中仅有单一组分,或试样中的其他组分在欲测量范围内没有吸收。有吸光系数法、标准曲线法和标准对比法,其中标准曲线法是实际工作中用得最多的方法。

(1)吸光系数法

根据朗伯 - 比尔定律,若 L 和吸光系数 ε 或 $E_{1\ \mathrm{cm}}^{1\%}$ 已知,即可根据测得的 A 求出被测物的浓度。

$$c = A\ /\ (\varepsilon \cdot L) \text{或} c = A\ /\ (E_{1\ \mathrm{cm}}^{1\%} \cdot L) \tag{3.10}$$

通常 ε 和 $E_{1\ \mathrm{cm}}^{1\%}$ 可以从手册或文献中查到,这种方法也称绝对法。

【例 3.2】 已知维生素 B_{12} 在 361 nm 处的 $E_{1\ \mathrm{cm}}^{1\%}$ 值是 207,将配制好的维生素 B_{12} 的水溶液盛于 1 cm 吸收池中,测得溶液的吸光度为 0.414,求该溶液的浓度。

解 $c = A/(E_{1\ \mathrm{cm}}^{1\%} \cdot L) = 0.414/(207 \times 1) = 0.002(\mathrm{g/100\ mL}) = 0.02\ \mathrm{mg/mL}$

(2)标准曲线法

配制一系列已知浓度的标准溶液,在相同条件下测定其吸光度 A 值,以溶液浓度 c 为横坐标,以吸光度 A 为纵坐标,绘制 A-c 曲线,可获得一条理论上通过原点的直线,如图 3.9 所示。在相同条件下测定试样溶液的 A_x 值,从曲线上查出试样的浓度 c_x。或作直线回归,得出直线方程,求出试样浓度 c_x。该方法的优点是:即使仪器单色光不纯也可得出试样准确浓度,也可消除因环境引起的仪器误差。

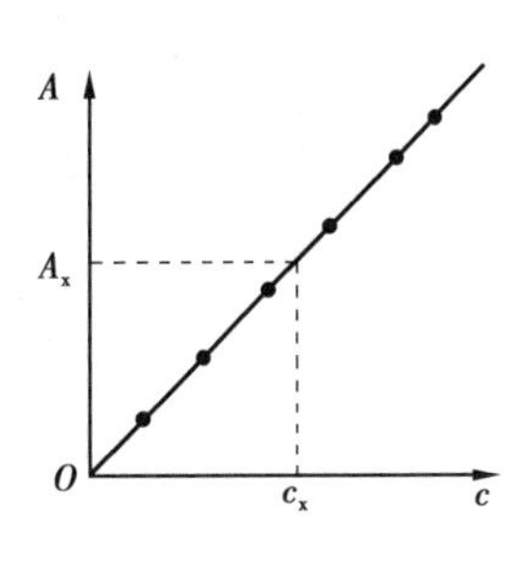

图 3.9　标准曲线

(3)标准对比法

标准对比法又称直接比较法。在相同条件下配制已知浓度的标准溶液和试样溶液,分别测定标准溶液吸光度 A_s 和试样溶液的吸光度 A_x,根据朗伯 - 比尔律,得

$$A_s = k \cdot c_s \cdot L \tag{3.11}$$

$$A_x = k \cdot c_x \cdot L \tag{3.12}$$

因为标准溶液和待测溶液中的吸光物质是同一物质,所以,在相同条件下,其吸光系数相等。如选择相同的比色皿,可得待测溶液的浓度为

$$c_x = \frac{A_x}{A_s} \cdot c_s \tag{3.13}$$

【例 3.3】　精密吸取维生素 B_{12} 注射液 2.50 mL,加蒸馏水稀释至 10.00 mL;另精密称定维生素 B_{12} 对照品 25.00 mg,加蒸馏水稀释至 1 000 mL。在 361 nm 处,用 1 cm 吸收池,分别测得吸光度为 0.508 和 0.518,试计算维生素 B_{12} 注射液的浓度。

解　根据题意,$A_x = 0.508$,$A_s = 0.518$,$c_s = 25.00\ \mu g/mL$

$c_x = (A_x/A_s) \cdot c_s = 0.508 \div 0.518 \times 25.00\ \mu g/mL = 24.52\ \mu g/mL$

$c_{注} = c_x \div 2.5 \times 10 = 24.52\ \mu g/mL \div 2.5 \times 10 = 98.06\ \mu g/mL$

2)多组分定量分析

当待测样品中有两种或多种组分共存时,可根据各组分吸收光谱相互重叠的程度分别考虑测定方法。常见混合组分吸收光谱相互重叠有以下 3 种方法。

(1)吸收光谱不重叠

各组分的吸收峰所在波长处,其他组分没有吸收,如图 3.10 (a)所示,则可按单组分的测定方法,在各自不同的测量波长处(尽可能在 λ_{max})分别测得各个组分的含量。即在 λ_1 处测定组分 1 的浓度,在 λ_2 处测定组分 2 的浓度。

(2)吸收光谱部分重叠

两种组分的吸收峰有一定程度的重叠:如图 3.10 (b)所示,组分 1 对组分 2 的测定有干扰,而组分 2 对组分 1 的测定则没有干扰。

首先用组分 1 和组分 2 的标准对照品溶液测得各自在 λ_1 和 λ_2 处的吸光系数 $\varepsilon^1_{\lambda_1}$,$\varepsilon^1_{\lambda_2}$ 和 $\varepsilon^2_{\lambda_2}$;再单独测量混合组分溶液在 λ_1 处的吸光度 $A^1_{\lambda_1}$,求得组分 1 的浓度 c_1。在 λ_2 处测定混合组分样品溶液的吸光度 $A^{1+2}_{\lambda_2}$;根据朗伯 - 比尔定律和吸光度具有加和性,得

$$A^{1+2}_{\lambda_2} = A^1_{\lambda_2} + A^2_{\lambda_2} = \varepsilon^1_{\lambda_2} c_1 L + \varepsilon^2_{\lambda_2} c_2 L \tag{3.14}$$

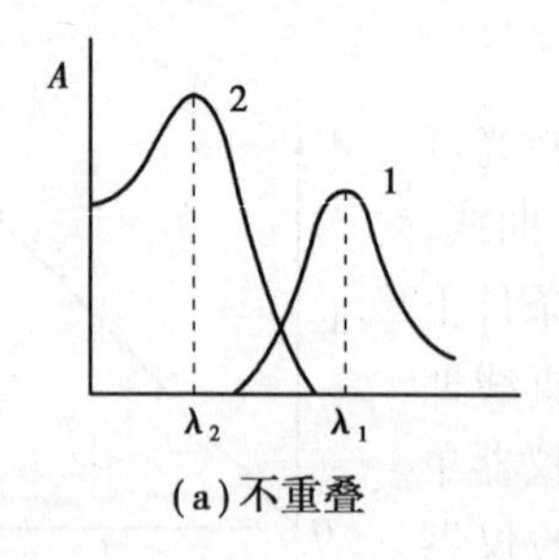

(a)不重叠

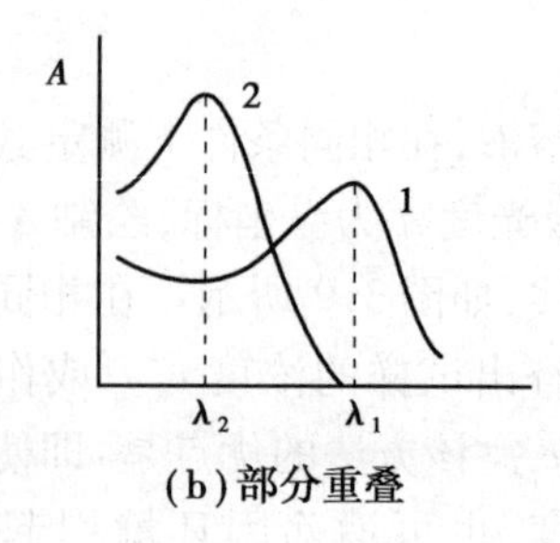

(b)部分重叠

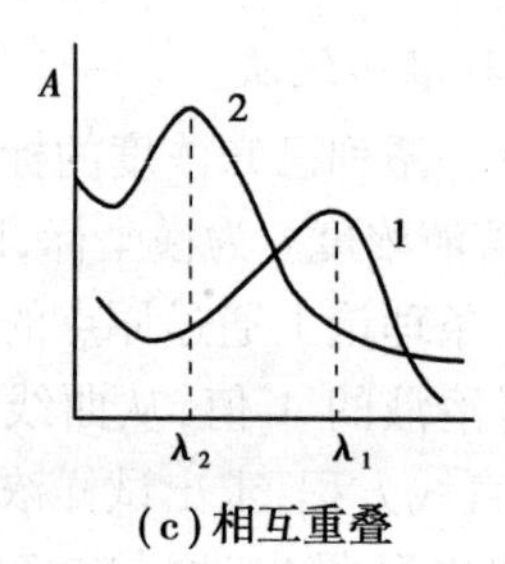

(c)相互重叠

图3.10　混合组分样品的吸收光谱

将已测得的$A_{\lambda_2}^{1+2}$,$\varepsilon_{\lambda_2}^{1}$,$\varepsilon_{\lambda_2}^{2}$和$c_1$代入式(3.14),即可求出组分2的浓度$c_2$。

(3)吸收光谱相互重叠

两组分在λ_1和λ_2处都有吸收,两组分彼此相互干扰,如图3.10(c)所示。在这种情况下,首先需要用组分1和组分2的标准对照品溶液分别在λ_1和λ_2测定各自的吸光系数$\varepsilon_{\lambda_1}^{1}$,$\varepsilon_{\lambda_2}^{1}$和$\varepsilon_{\lambda_1}^{2}$,$\varepsilon_{\lambda_2}^{2}$,再分别在$\lambda_1$和$\lambda_2$处测定混合样品溶液的吸光度$A_{\lambda_1}^{1+2}$,$A_{\lambda_2}^{1+2}$,然后列出联立方程,即

$$\begin{cases}A_{\lambda_1}^{1+2}=A_{\lambda_1}^{1}+A_{\lambda_1}^{2}=\varepsilon_{\lambda_1}^{1}c_1L+\varepsilon_{\lambda_1}^{2}c_2L\\A_{\lambda_2}^{1+2}=A_{\lambda_2}^{1}+A_{\lambda_2}^{2}=\varepsilon_{\lambda_2}^{1}c_1L+\varepsilon_{\lambda_2}^{2}c_2L\end{cases}\tag{3.15}$$

把已测得$A_{\lambda_1}^{1+2}$,$A_{\lambda_2}^{1+2}$,$\varepsilon_{\lambda_1}^{1}$,$\varepsilon_{\lambda_2}^{2}$,$\varepsilon_{\lambda_1}^{2}$和$\varepsilon_{\lambda_2}^{2}$分别代入式(3.15),解方程组,即可分别求出组分1的浓度c_1和组分2的浓度c_2。

如果有n个组分的光谱相互干扰,就必须在n个波长处分别测得试样溶液吸光度的加和值,以及该波长下n个纯物质的摩尔吸光系数,然后解n元一次方程组,进而求出各组分的浓度,这种方法称为解方程组法。

对于多组分样品,还有等吸收波长消去法。假设试样中含有a,b两组分,若要测定b组分,a组分有干扰,可采用双波长法进行b组分的测量时,方法如下:为了消除a组分的吸收干扰,一般先选择待测组分b的最大吸收波长λ_1为测量波长,然后用作图法选择参比波长λ_2,做法如图3.11所示。

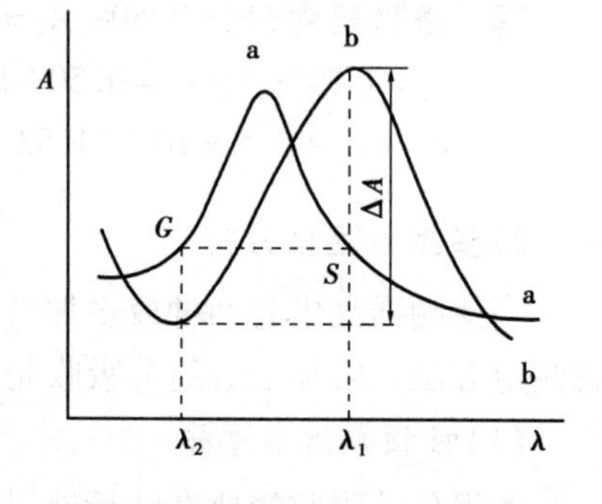

图3.11　等吸收波长消去法

在b的最大吸收波长λ_1位置处作一垂直于λ轴的直线,此直线与干扰组分a的吸收光谱相交于S点,再过S点作一条平行于λ轴的直线,此直线又与组分a的吸收光谱相交于G点,则选择与G点相对应的波长λ_2作为参比波长。可见组分a在λ_1和λ_2处的是等吸收点,即

$$A_{\lambda_1}^{a}=A_{\lambda_2}^{a}$$

因吸光度具有加和性,混合试样在λ_1和λ_2处的吸光度可表示为

$$\begin{cases}A_{\lambda_1}=A_{\lambda_1}^{a}+A_{\lambda_1}^{b}\\A_{\lambda_2}=A_{\lambda_2}^{a}+A_{\lambda_2}^{b}\end{cases}\tag{3.16}$$

双波长分光光度计的输出信号为ΔA,则

$$\Delta A=A_{\lambda_2}-A_{\lambda_1}=(A_{\lambda_2}^{a}+A_{\lambda_2}^{b})-(A_{\lambda_1}^{a}+A_{\lambda_1}^{b})$$

因为　　$A_{\lambda_2}^{a}=A_{\lambda_1}^{a}$

所以 $$\Delta A = A_{\lambda_2}^{b} - A_{\lambda_1}^{b} = (\varepsilon_{\lambda_2}^{b} - \varepsilon_{\lambda_1}^{b}) c_b L \tag{3.17}$$

被测组分 b 在两波长处的 ΔA 越大，越有利于测定。用同样的方法可消去 b 的干扰，测定组分 a 的含量。

【技能实训】

实训 3.1 紫外分光光度法测定维生素 C 片中 Vc 的含量

【实验目的】

(1)熟悉紫外分光光度计的主要结构及工作原理。

(2)掌握紫外分光光度计的操作方法及紫外定性定量分析方法。

【实验原理】

维生素 C 属水溶性维生素，它易溶于水，微溶于乙醇，不溶于氯仿或乙醚。维生素 C 分子结构中有共轭双键，固在紫外光区有较强的吸收。根据维生素 C 在稀盐酸溶液中，吸收曲线比较稳定，在最大吸收波长处，其吸收值 A 的大小与维生素 C 的浓度 c 的大小成正比，符合郎伯－比尔定律：

$$A = \varepsilon \cdot c \cdot L$$

配置系列不同浓度的维生素 C 的标准溶液，分别测定其在最大吸收波长处的吸光度，并绘制出维生素 C 在最大吸收波长下的标准曲线，然后在相同条件下测出样品溶液的吸光度 A，由测得的吸光度 A 在标准曲线上查得浓度，换算为药片中的含量(mg/片)。

【仪器与试剂】

(1)仪器：紫外分光光度计一台，电子天平 1 台，研钵 1 个，50 mL 容量瓶 7 只，500 mL 容量瓶 1 只，10 mL 移液管 2 支，100 mL 烧杯 2 只，1 000 mL 烧杯 2 只。

(2)试剂：维生素 C 标准品(抗坏血酸)，市售维生素 C 片(100 mg/片)，冰醋酸，蒸馏水。

【实验步骤】

(1)配制标准贮备液：配制维生素 C 标准贮备液 500 mL(浓度约为 1.5×10^{-4} mol/L)。称取约 0.0 132 g 维生素 C 标准品于 100 mL 的烧杯中，用超声波助溶后定容于 500 mL 容量瓶中，摇匀，配成贮备液。

(2)配制标准溶液：取 50 mL 容量瓶 5 只(编号为 1～5)，分别吸取上述贮备液 1,2,4,8,16 mL于容量瓶中，用蒸馏水定容。

(3)绘制标准曲线：以蒸馏水为参比，照分光光度法，在 λ_{max} =245 nm 处，依次按照浓度由小到大的顺序分别测出上述各溶液标准溶液的吸光度，并记录数据。

(4)样品测定：取 3 片 Vc 片剂研细，准确称取 0.02 g 于 100 mL 烧杯中，以去离子水稀释至 500 mL。移取样品溶液 5 mL 于 50 mL 容量瓶中，定容。按照分光光度法，在 λ_{max} =245 nm 处测定吸光度。

【数据处理】

(1)以标准溶液浓度为横坐标,相应的吸光度为纵坐标,绘制标准曲线图。

(2)在标准曲线的纵坐标上找到试液的吸光度,然后在横坐标处查得相应 Vc 的浓度。

(3)计算维生素片剂中 Vc 的含量。

【注意事项】

(1)维生素 C 会缓慢氧化成脱氢抗血酸,所以每次实验时必须配制新鲜溶液,并滴加几滴醋酸。

(2)使用石英比色皿。

(3)实验结束时,先关氘灯,再关主机电源开关。

实训 3.2　双波长分光光度法测定复方磺胺嘧啶片中磺胺嘧啶和甲氧苄啶的含量

【实验目的】

(1)熟悉紫外分光光度计的构造及使用操作。

(2)掌握同时测定双组分体系药物含量的原理和方法。

【实验原理】

复方磺胺嘧啶片是由磺胺嘧啶和甲氧苄啶组成的复方制剂。两者在紫外区有较强的吸收。在盐酸溶液(9→1 000)中,磺胺嘧啶在 308 nm 处有吸收,而甲氧苄啶在此波长处无吸收,故可在此波长处直接测定磺胺嘧啶的吸光度而求得含量。甲氧苄啶在 277.4 nm 波长处有较大吸收,而磺胺嘧啶在 277.4 nm 处与 308 nm 处有等吸收点。故可采用双波长法以 277.4 nm 为测定波长,308 nm 为参比波长,测定甲氧苄啶在该两波长处的 ΔA($\Delta A = A_{277\ \mathrm{nm}} - A_{308\ \mathrm{nm}}$)值来计算含量。

【仪器与药品】

(1)仪器:紫外分光光度计,石英比色皿,100 mL 容量瓶,移液管。

(2)药品:磺胺嘧啶对照品,甲氧苄啶对照品,复方磺胺嘧啶片。

【实验内容与方法】

(1)磺胺嘧啶的含量测定:取复方磺胺嘧啶片 10 片,精密称定,研细,精密称取适量(约相当于磺胺嘧啶 0.2 g),置 100 mL 量瓶中,加 0.4% 氢氧化钠溶液适量,振摇使磺胺嘧啶溶解,并稀释至刻度,摇匀,滤过,精密量取滤液 2 mL,置另一 100 mL 量瓶中,加盐酸溶液(9→1 000)稀释至刻度,摇匀,照分光光度法,在 308 nm 的波长处测定吸收度;另取 105 ℃ 干燥至恒重的磺胺嘧啶对照品适量,精密称定,加盐酸溶液(9→1 000)溶解并定量稀释制成每 1 mL 中约含 40 μg 的溶液,同法测定;计算,即得。

(2)甲氧苄啶的含量测定:精密称取上述研细的细粉适量(约相当于甲氧苄啶 40 mg),置 100 mL 量瓶中,加冰醋酸 30 mL 振摇使甲氧苄啶溶解,加水稀释至刻度,摇匀,滤过,取滤液作为供试品溶液;另精密称取甲氧苄啶对照品 40 mg 与磺胺嘧啶对照品约 0.3 g,分置 100 mL 量瓶中，各加冰醋酸30 mL溶解，加水稀释至刻度，摇匀，前者作为对照品溶液(1)，后者滤过，取滤液作为对照品溶液(2)。精密量取供试品溶液与对照品溶液(1)、(2)各5 mL，分置100 mL量瓶中，各加盐酸溶液(9→1 000)稀释至刻度，摇匀，照分光光度法测定。取对照品溶液(2)的稀释液，以308.0 nm为参比波长λ_1，在277.4 nm波长附近(每间隔0.2 nm)选择等吸收点波长为测定波长(λ_2)，要求$\Delta A = A_{\lambda_2} - A_{\lambda_1} = 0$。再在$\lambda_2$和$\lambda_1$波长处分别测定供试品溶液的稀释液与对照品溶液(1)的稀释液的吸光度，求出各自的吸收度差值(ΔA)，计算，即得。

【实验注意事项】

(1)石英比色皿的正确使用和吸光度校正。

(2)吸光度读数3次，取平均值计算含量。

(3)读数后及时关闭光闸以保护光电管。

(4)片剂取样量应是根据平均片重和片剂规格量，计算出来的相当于规定量主药的片粉质量(片粉质量 = 平均片重/标示量 × 规定的取样量)。

(5)片剂的含量计算(相当于标示量的百分含量)。

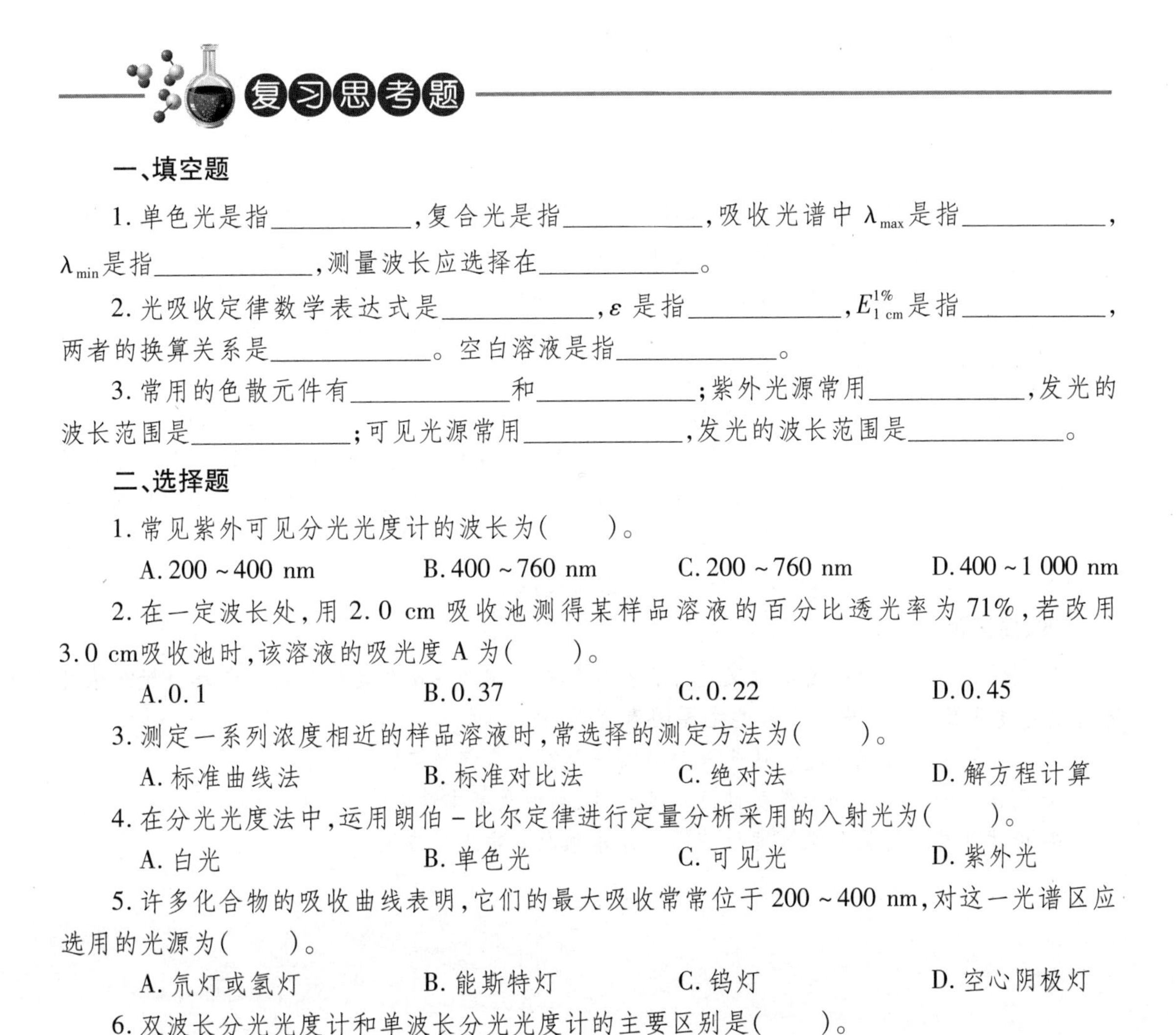

复习思考题

一、填空题

1. 单色光是指__________，复合光是指__________，吸收光谱中λ_{max}是指__________，λ_{min}是指__________，测量波长应选择在__________。

2. 光吸收定律数学表达式是__________，ε是指__________，$E_{1\,cm}^{1\%}$是指__________，两者的换算关系是__________。空白溶液是指__________。

3. 常用的色散元件有__________和__________；紫外光源常用__________，发光的波长范围是__________；可见光源常用__________，发光的波长范围是__________。

二、选择题

1. 常见紫外可见分光光度计的波长为(　　)。

A. 200 ~ 400 nm　　B. 400 ~ 760 nm　　C. 200 ~ 760 nm　　D. 400 ~ 1 000 nm

2. 在一定波长处，用2.0 cm吸收池测得某样品溶液的百分比透光率为71%，若改用3.0 cm吸收池时，该溶液的吸光度A为(　　)。

A. 0.1　　B. 0.37　　C. 0.22　　D. 0.45

3. 测定一系列浓度相近的样品溶液时，常选择的测定方法为(　　)。

A. 标准曲线法　　B. 标准对比法　　C. 绝对法　　D. 解方程计算

4. 在分光光度法中，运用朗伯-比尔定律进行定量分析采用的入射光为(　　)。

A. 白光　　B. 单色光　　C. 可见光　　D. 紫外光

5. 许多化合物的吸收曲线表明，它们的最大吸收常常位于200 ~ 400 nm，对这一光谱区应选用的光源为(　　)。

A. 氘灯或氢灯　　B. 能斯特灯　　C. 钨灯　　D. 空心阴极灯

6. 双波长分光光度计和单波长分光光度计的主要区别是(　　)。

A. 光源的个数　　B. 单色器的个数
C. 吸收池的个数　　D. 单色器和吸收池的个数

7. 符合朗伯-比尔定律的有色溶液稀释时,其最大吸收峰的波长位置(　　)。
A. 向长波方向移动　　B. 不移动,但最大吸收峰强度降低
C. 向短波方向移动　　D. 不移动,但最大吸收峰强度增大

8. 在符合朗伯-比尔定律的范围内,溶液的浓度,最大吸收波长、吸光度三者的关系是(　　)。
A. 增加、增加、增加　　B. 减小、不变、碱小
C. 减小、增加、减小　　D. 增加、不变、减小

9. 在紫外可见分光光度法测定中,使用参比溶液的作用是(　　)。
A. 调节仪器透光率的零点
B. 吸收入射光中测定所需要的光波
C. 调节入射光的光强度
D. 消除试剂等非测定物质对入射光吸收的影响

10. 某药物的摩尔吸光系数(ε)很大,则表明(　　)。
A. 该药物溶液的浓度很大　　B. 光通过该药物溶液的光程很长
C. 该药物对某波长的光吸收很强　　D. 测定该药物的灵敏度不高

三、计算题

1. 某化合物的最大吸收波长 $\lambda=270$ nm,当使用 1 cm 的吸收池,光线通过浓度为 1.0×10^{-5} mol/L 溶液时,透射率为 50%,试求该化合物在 270 nm 处的吸光度以及摩尔吸光系数。

2. 称取维生素 C 0.050 0 g,溶于 100 mL 的 5 mol/L 硫酸溶液中,准确量取此溶液2 mL,稀释至 100 mL,取此溶液于 1 cm 吸收池中,在 $\lambda=245$ nm 处测得 A 值为 0.498。试求样品中维生素 C 的质量分数 [$E_{1\,cm}^{1\%}=560$ mL/(g · cm)]。

3. 今有 A,B 两种药物组成的复方制剂溶液。在 1 cm 吸收池中,分别以 295 nm 和 370 nm 的波长进行吸光度测定,测得吸光度分别为 0.320 和 0.430,浓度为 0.01 mol/L 的 A 对照品溶液,在 1 cm 的吸收池中,波长为 295 nm 和 370 nm 处,测得吸光度分别为 0.08 和 0.90;同样条件,浓度为 0.01 mol/L 的 B 对照品溶液测得吸光度分别为 0.67 和 0.12。试计算复方制剂中 A 和 B 的浓度(假设复方制剂其他成分不干扰测定)。

四、简答题

1. 朗伯-比尔定律的物理意义是什么? 为什么说朗伯-比尔定律只适用于单色光? 浓度 c 与吸光度 A 线性关系发生偏离的主要因素有哪些?

2. 紫外-可见分光光度计从光路分有哪几类? 各有何特点?

3. 简述紫外-可见分光光度计的主要部件、类型及基本性能。

4. 简述紫外-可见分光光度计使用注意事项及日常维护方法。

项目4　红外吸收光谱分析技术

【知识目标】

了解红外光谱仪的基本构造、样品处理方法和红外光谱的实际应用。理解红外光谱产生的条件,红外光谱与分子结构以及环境因素的关系。熟悉重要官能团的基团频率和特征吸收峰。

【技能目标】

能初步识别红外光谱,会解析简单的红外光谱图。能正确操作红外光谱仪,会进行简单维护。

【项目简介】

物质受到红外光照射后,会选择性地吸收某些波长的光,吸收红外光后发生分子振动、转动能级跃迁从而产生的吸收光谱,称为红外吸收光谱,简称红外光谱。红外光谱是由于分子振动、转动能级跃迁产生的光谱。

红外光谱分析技术,即红外光谱法(Infrared Absorption Spectrometry,IR),它是利用物质的分子对红外区的电磁辐射的选择性吸收建立起来的一种仪器分析方法,是定性鉴定化合物和测定分子结构最常用的方法,也用于定量分析。

红外吸收光谱技术,操作简便,测定速度快,样品用量少,应用范围广,能分析各种状态(气、液、固)的试样。

【工作任务】

任务4.1　基本原理

4.1.1　红外吸收光谱

当物质受到频率连续变化的红外光照射时,构成物质的分子选择性吸收了某些频率的辐射，引起分子振动和转动能级从基态到激发态的跃迁，产生了红外吸收光谱。分子的振动能量比转动能量大，当发生振动能级跃迁时，不可避免地伴随有转动能级的跃迁，因此，无法测量纯粹的振动光谱，只能得到分子的振动－转动光谱。所以红外吸收光谱又称为分子振动－转动光谱。

红外吸收光谱的波长范围为0.78～1 000 μm，通常可将其分为近红外、中红外和远红外3个区域，大多数有机化合物的红外吸收都出现在中红外区（波长为2.5～25 μm，波数为400～4 000 cm^{-1}）。不同物质的分子结构不同，对光辐射的吸收情况不同，因而不同物质红外吸收光谱具有不同的特征。红外吸收光谱是定性鉴定化合物和测定分子结构的最常用的方法。

4.1.2 红外吸收光谱产生的条件

红外光谱是由于试样分子吸收红外辐射引起分子振动能级跃迁而产生的，分子吸收红外辐射必须满足两个必要条件：

①红外辐射能量应刚好等于分子振动能级跃迁所需的能量，即红外辐射的频率要与分子中某基团振动频率相同时，分子才能吸收红外辐射。

②红外辐射与物质之间有耦合作用，即分子振动过程中，必须有偶极矩的改变。

分子偶极矩是分子中正、负电荷的大小与正、负电荷中心的距离的乘积。极性分子就整体来说是电中性的，但由于构成分子的各原子电负性有差异，分子中原子在平衡位置不断振动，在振动过程中，正、负电荷的大小和正、负电荷中心的距离呈周期性变化，因而分子的偶极矩呈周期性变化。当发生偶极矩变化的振动频率与红外辐射频率一致时，由于振动耦合而增加振动能，使振幅增大，产生红外吸收。这种能使分子偶极矩发生改变的振动，称为红外活性振动。如果在振动过程中没有偶极矩发生改变，分子就不吸收红外辐射，这种无偶极矩变化的振动，称为红外非活性振动。

4.1.3 分子振动

分子中原子在平衡位置不断振动，不同分子的振动方式不同。分子振动可近似地看成是分子中的原子以平衡点为中心，以非常小的振幅（与原子核之间的距离相比）做周期性的振动。

1）分子振动方式

双原子分子只有一种振动方式，即沿着键轴方向的伸缩振动，这种分子的振动模型如图4.1所示。可以将其看成是一个弹簧两端连接着两个刚性小球，m_1、m_2分别代表两个小球的质量，弹簧的长度 r 就是化学键的长度。

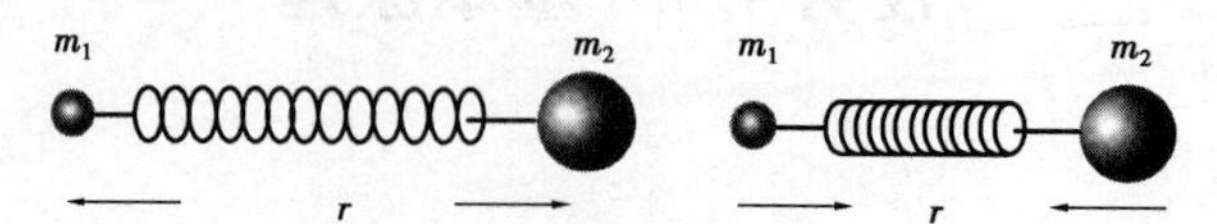

图4.1 双原子分子振动模型

将其视为简谐振动，由胡克（Hooke）定律，其基本振动频率的计算式为

$$\nu = \frac{1}{2\pi}\sqrt{\frac{k}{\mu}} \tag{4.1}$$

其中，μ 是两个成键原子的折合质量，$\mu = \frac{m_1 \cdot m_2}{m_1 + m_2}$。因 $\nu = \frac{c}{\lambda} = c\sigma$，则

$$\sigma = \frac{1}{2\pi c}\sqrt{\frac{k}{\mu}} \tag{4.2}$$

若用两个成键原子的相对原子质量 M_1，M_2来表示折合质量，并取光速 $c = 3.0 \times 10^{10}$ cm/s，则式(4.2)可近似为

$$\sigma \approx 1\ 304\sqrt{\frac{k}{M}} \tag{4.3}$$

式中　σ——波数，cm^{-1}；

c——光速，3.0×10^{10} cm/s；

k——化学键的力常数，N/cm，化学键越强，力常数越大；

M——两个成键原子的折合相对原子质量，$M = \frac{M_1 \cdot M_2}{M_1 + M_2}$。

常见化学键的力常数，见表4.1。

表4.1　常见化学键的力常数

化学键	C—C	C═C	C≡C	C—H	O—H	N—H	C═O
$k/(N \cdot cm^{-1})$	4.5	9.6	15.6	5.1	7.7	6.4	12.1

例如，C═O 键，$M = \frac{12 \times 16}{12 + 16} \approx 6.86$，$\sigma = 1\ 304\sqrt{\frac{12.1}{6.86}}\ cm^{-1} = 1\ 729\ cm^{-1}$。大多数有机化合物中羰基在红外光谱图中的吸收谱带，与此计算值基本一致。例如，酮分子的羰基吸收峰为 1 715 cm^{-1}，酯分子的羰基吸收峰为 1 735 cm^{-1}。

影响基团振动频率(波数)的直接因素是构成化学键的原子的折合质量和化学键的力常数，化学键的力常数越大，原子折合质量越小，振动频率越高。C—C、C═C、C≡C 3 种基团的原子折合质量相同，化学键的力常数 k 的大小依次为单键 < 双键 < 三键，所以波数也依次增大。

不同分子，结构不同，化学键力常数和原子质量各不相同，分子振动频率各不相同，振动时所吸收的红外辐射频率也各不相同。因此，不同分子形成自身特征的红外光谱，这是红外光谱用于定性鉴定和结构分析的基础。

对于多原子分子，随着原子数目的增加，组成分子的化学键、基团和空间结构不同，其振动方式比双原子则要复杂得多，但基本上可分为两种形式。

(1)伸缩振动(v)

伸缩振动是指原子沿着化学键的键轴方向缩短，键长发生周期性变化，而键角不变的振动。按其对称性不同，分为对称伸缩振动和不对称伸缩振动。

①对称伸缩振动(v^s)。振动时各个键同时伸长或同时缩短。

②不对称伸缩振动(v^{as})。振动时各个键有的伸长，有的缩短。

伸缩振动吸收的能量较高，同一基团伸缩振动吸收谱带常出现在高波数端，基团环境改变

对其影响不大。一般来说,同一基团不对称伸缩振动频率比对称伸缩振动频率又要高一些。

(2)弯曲振动

弯曲振动又称变形振动,是指基团键角发生周期性变化而键长不变的振动,可分为面内弯曲振动和面外弯曲振动。

①面内弯曲振动(β)。指位于键角平面内的弯曲振动,可分为剪式振动和面内摇摆。剪式振动(δ)是指两个原子在同一平面内彼此相向弯曲,键角发生周期性变化的振动。面内摇摆振动(ρ)是指振动时键角不发生变化,基团作为一个整体在键角平面内左右摇摆。

②面外弯曲振动(γ)。指垂直于键角平面的弯曲振动,可分为面外摇摆和扭曲振动。面外摇摆振动(ω)是指基团作为一个整体做垂直于键角平面的前后摇摆,而键角不发生变化的振动。扭曲振动(τ)是指振动时原子离开键角平面,向相反方向来回扭动。

③对称变形振动和不对称变形振动。AX_3基团分子的变形振动有对称和不对称之分。对称变形振动是指3个AX键与轴线的夹角同时变大(或减小)的振动;不对称变形振动是指3个AX键与轴线的夹角不同时变大(或减小)的振动。

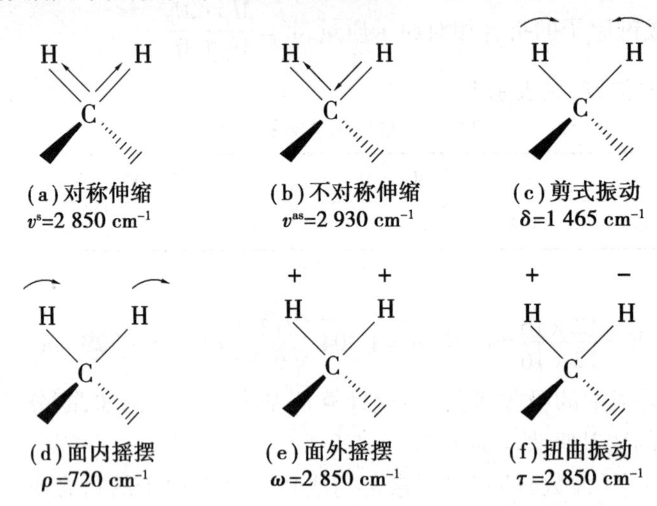

图4.2 亚甲基的6种振动形式

"+"—垂直于纸面向里运动;"-"—垂直于纸面向外运动

2)分子的振动自由度

分子基本振动的数目称为振动自由度。因为分子中的每一个原子可沿三维坐标的x,y,z轴运动,也就是说,空间每个原子有3个运动自由度。若分子由N个原子组成时,其总的运动自由度为$3N$个,分别由分子平动、振动和转动自由度构成。

所有分子都有3个平动(分子作为一个整体的平移运动)自由度。非线性分子,整个分子可以绕3个坐标轴转动,即有3个转动自由度。而线性分子,沿键轴方向的转动,不改变原子的空间坐标,其转动惯量为零,没有能量变化,因而线性分子只有两个转动自由度。

分子的振动自由度=分子的总自由度($3N$)-平动自由度-转动自由度,则

非线性分子振动自由度$=3N-3-3=3N-6$

线性分子振动自由度$=3N-3-2=3N-5$

例如,水分子是非线性分子,分子振动自由度$=3N-6=3\times3-6=3$,有3种基本振动方式。

$v^{s}=3\ 652\ cm^{-1}$　　$v^{as}=3\ 765\ cm^{-1}$　　$\delta=1\ 595\ cm^{-1}$

又如,线性分子二氧化碳,分子振动自由度 $=3N-5=3\times3-5=4$,有 4 种基本振动方式。

$v^{s}=1\ 388\ cm^{-1}$　　$v^{as}=2\ 349\ cm^{-1}$　　$\beta=667\ cm^{-1}$　　$\gamma=667\ cm^{-1}$

4.1.4　红外吸收光谱图

1)红外吸收光谱图的表示方法

用一组频率连续变化的红外光照射某物质,某些波长的红外光被吸收,光强度减弱,某些波长的红外光被全部透过,光强度不变,用仪器记录物质对红外光的吸收情况,就得到该物质的红外吸收曲线,即红外光谱图。

红外光谱图是以透光率 $T\%$ 为纵坐标,波长(μm)或波数(cm^{-1})为横坐标,表示透光率随波长或波数变化的曲线。如图 4.3 所示是苯乙烯的红外光谱图,吸收峰向下。红外光谱图与紫外－可见吸收光谱图相比要复杂得多。

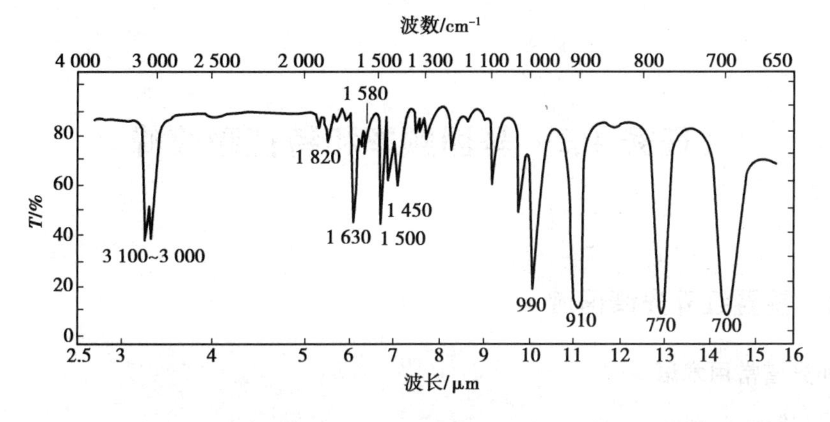

图 4.3　苯乙烯的红外光谱图

红外光谱图谱复杂,特征性强,信息量大。除光学异构体外,几乎每一种化合物都有自身特定的红外光谱。通过试样的红外光谱可推测化合物含有的基团,从而推断化合物的分子结构。

2)红外光谱吸收峰的位置、数目和强度

(1)位置

红外光谱中吸收峰的位置是由由振动频率决定的,化学键的力常数 k 越大,原子折合质量 M 越小,键的振动频率越大,吸收峰将出现在高波数区(短波长区);反之,出现在低波数区(高波长区)。

(2)数目

峰数与分子自由度有关。从理论上讲,每种振动形式都有其特定的振动频率,每种基本振动都能吸收相应波数的红外辐射,在红外光谱图上产生相应的吸收峰。但实际上红外光谱图吸收峰数目往往少于振动方式数目。其原因主要有以下3个方面:

①对称分子的某些振动不能产生偶极矩变化,是红外非活性振动,无红外吸收。

②分子的某些振动频率相同,吸收峰重合,称这些振动为“简并”。

③吸收峰太弱仪器分辨不出或吸收峰在仪器检测范围之外。

例如,二氧化碳分子虽然振动自由度是4,有4种基本振动方式。在实际红外光谱上,二氧化碳只能看到2 349 cm^{-1}和667 cm^{-1}两个吸收峰。因为$v^{s}_{C=O}$振动偶极矩没有发生变化,不能吸收红外辐射,$\beta_{C=O}$和$\gamma_{C=O}$振动频率相同,吸收相同频率的红外辐射,吸收峰重合。

(3)强度

分子振动时偶极矩变化不仅决定了该分子能否吸收红外辐射,还决定了吸收谱带的强弱。分子振动时偶极矩变化越大,吸收谱带则越强。分子振动时偶极矩变化的大小取决于分子或化学键的极性和分子结构的对称性。一般极性越大的分子、基团、化学键,分子振动时偶极矩变化越大,吸收谱带越强;键两端原子电负性相差越大(极性越大),吸收峰越强;分子结构对称性越高,振动中分子偶极矩变化越小,谱带强度越弱。

红外光谱吸收峰强度可用摩尔吸光系数ε来划分强弱等级,一般定性地用很强(vs,$\varepsilon>100$)、强(s,$20<\varepsilon<100$)、中强(m,$10<\varepsilon<20$)、弱(w,$1<\varepsilon<10$)和很弱(vw,$\varepsilon<1$)等表示。

此外,尖锐吸收峰用sh表示,宽吸收峰用b表示,强度可变吸收峰用v表示。

任务4.2　基团频率和特征吸收峰

4.2.1　重要红外光谱区域

1)红外光谱常用术语

(1)基频峰和泛频峰

振动能级从基态跃迁到第一激发态(称为基本跃迁)所产生的吸收峰,称为基频峰。基频跃迁概率大且峰强度大。基频峰频率即为分子或基团的基本振动频率。由基态跃迁到第二、第三激发态所产生的吸收峰,称为倍频峰。通常倍频峰比基频峰弱。基频峰和倍频峰都是红外光谱最重要的吸收峰。

此外,两种跃迁吸收频率之和或之差,称为合频峰或差频峰。倍频峰、合频峰和差频峰统称为泛频峰,泛频跃迁概率很小,峰一般较弱。

(2)特征峰和相关峰

研究发现,组成分子的各种基团都有自己的特征红外吸收频率范围和吸收峰。人们称这些能鉴别基团存在并有较高强度的吸收峰为特征峰,其相应的频率称为特征频率或基团频率。

例如,羰基一般在波数1 870 ~1 650 cm^{-1}出现强吸收谱带,分子其他部分结构对其影响不大,人们通常依靠此特征频率来鉴别羰基的存在。

对于一个基团来说,除了有特征峰外,还有一些其他振动形式的吸收峰。习惯上把同一基团出现的相互依存又能相互佐证的吸收峰,称为相关峰。例知,甲基的相关峰有 v^{s} = 2 870 cm^{-1}、v^{as} = 2 960 cm^{-1}、δ = 1 375 cm^{-1}、ρ = 1 450 cm^{-1},这些吸收峰可以相互佐证来确定甲基的存在。

由一组相关峰来确定某基团的存在是解析红外光谱的一条重要原则。

2)红外光谱分区

为了便于观察和解析,红外光谱一般分为官能团区和指纹区两部分。官能团区波数为4 000 ~1 300 cm^{-1},其吸收谱带比较稀疏,强度大,易辨认,主要反映分子中特征基团的振动,常用于鉴别官能团的存在。指纹区波数为1 300 ~500 cm^{-1},吸收谱带比较密集复杂,当分子结构稍有不同时,该区的吸收就有细微的差异,犹如人的指纹一样,对鉴别化合物结构很有帮助。

(1)官能团区

官能团区指波数为4 000 ~1 300 cm^{-1}的区域,是由于分子中各基团的伸缩振动所产生的特征吸收,吸收谱带比较稀疏,容易辨认,常用于鉴定官能团的存在,称为官能团区,又称为特征频率区。此区又可分为4个小区,见表4.2。

表4.2 基团频率区

区域	波数/cm^{-1}	基团	振动形式	吸收强度
1	3 700 ~3 600	游离 OH	伸缩	m · sh
	3 500 ~3 200	缔合 OH	伸缩	s · b
	3 500 ~3 300	游离 NH_2	伸缩	m
	3 500 ~3 100	缔合 NH_2	伸缩	s · b
	3 300 ~3 250	≡C—H	伸缩	s · sh
	3 100 ~3 000	=C—H	伸缩	m
	3 100 ~3 000	芳环中的 C—H	伸缩	m
	2 960 和 2 870	—CH_3	不对称伸缩和对称伸缩	s
	2 930 和 2 850	—CH_2—	不对称伸缩和对称伸缩	s
	2 980	—CH—	伸缩	w
2	2 260 ~2 240	RC≡N	伸缩	s
	2 260 ~2 190	RC≡CR′	伸缩	v
	无吸收	RC≡CR		
	2 000 ~1 667	苯环	泛频峰	w

续表

区 域	波数/cm^{-1}	基 团	振动形式	吸收强度
	1 740 ~ 1 720	醛中羰基	伸缩	s
	1 725 ~ 1 705	酮和羧酸中羰基	伸缩	s
	1 740 ~ 1 710	酯(非环状)中羰基	伸缩	s
	1 700 ~ 1 640	酰胺中羰基	伸缩	s
3	1 675 ~ 1 640	—C═N—	伸缩	v
	1 675 ~ 1 600	—C═C—(脂肪)	伸缩	v
	1 630 ~ 1 575	—N═N—	伸缩	v
	1 600,1 580,1 500	—C═C—(芳环骨架)	伸缩	m→s
	1 600 ~ 1 500	—NO_2	不对称伸缩	
	1 470	—CH_2—	面内弯曲	m
4	1 460	—CH_3	面内弯曲(不对称)	m
	1 380	—CH_3	面内弯曲(对称)	s

(2)指纹区

指纹区波数为 1 300 ~ 500 cm^{-1},主要是 C—H,N—H,O—H 弯曲振动,C—O,C—N,C—X(卤素)等伸缩振动,以及 C—C 单键骨架振动等产生,见表 4.3。指纹区吸收谱带非常复杂,不容易辨认,但也存在某些基团的特征吸收频率,如 900 ~ 650 cm^{-1} 区域对于区别顺反异构和苯环的取代基位置十分有用。

表 4.3 指纹区

波数/cm^{-1}	基 团	振动形式	吸收强度
1 300 ~ 1 050	C—O	伸缩	s
1 400 ~ 1 000	C—F	伸缩	m→s
800 ~ 600	C—Cl	伸缩	m→s
990 和 910	RCH═CH_2	面外弯曲	s
970 ~ 960	RCH═CRH(反式)	面外弯曲	m→s
770 ~ 665	RCH═CRH(顺式)	面外弯曲	m→s
850 ~ 800(单峰)	对二取代苯	面外弯曲	m→s
810 ~ 780(3 个峰)	间二取代苯	面外弯曲	m→s
750(单峰)	邻二取代苯	面外弯曲	m→s
750 ~ 700(两个峰)	单取代苯	面外弯曲	m→s

4.2.2 影响基团频率位移的因素

基团的振动频率主要取决于化学键的力常数和成键原子质量,但由于分子内部其他基团和环境因素的影响,使得基团频率及其强度在一定范围内发生变化,相同基团的特征吸收并不总在一个固定频率上。影响基团频率位移因素可分为内部因素和外部因素两种。

1)内部因素

(1)电子效应

电子效应包括诱导效应和共轭效应。

电负性不同的取代基,通过静电诱导作用,引起分子中电子云密度变化,从而引起化学键的力常数发生变化,使基团特征频率发生位移,这种效应称为诱导效应。随着取代基电负性的增大,振动频率向高波数位移;反之,向低波数位移。例如,液体丙酮 $v_{C=O}$ 为 1 718 cm^{-1},而酰氯 $v_{C=O}$ 则为 1 815 ~ 1 750 cm^{-1},这是因为氯电负性比甲基大,产生吸电子诱导效应的结果。

共轭体系的分子由于大 π 键的形成,使电子云密度平均化,导致双键略有增长,单键略有缩短,致使双键振动频率向低波数位移,单键振动频率向高波数位移,这种效应称为共轭效应。例如,液体丙酮 $v_{C=O}$ 为 1 718 cm^{-1},而苯乙酮 $v_{C=O}$ 则下降到 1 685 cm^{-1},是因为苯环和羰基产生共轭效应。

(2)氢键效应

由于形成氢键而使电子云密度平均化,使振动频率向低波数位移,称为氢键效应。氢键的影响从羟基、氨基游离态和缔合态的红外光谱数据显而易见。

(3)振动耦合效应

当两个振动频率相同或相近的基团相邻并由同一原子相连时,它们之间相互作用,使振动频率发生分裂,一个向高频方向位移,另一个向低频方向位移,这种效应称为振动耦合效应。例如,羧酸酐两个 $v_{C=O}$ 振动耦合分裂为 1 820 cm^{-1} 和 1 760 cm^{-1} 两个吸收峰,两峰相距大约 60 cm^{-1}。这是酸酐区别于其他羰基化合物的主要标志。

此外,环张力、互变异构、空间效应等因素,对振动频率均有影响。

2)外部因素

外部因素主要有试样的状态、制样方法、溶剂和温度等。同一物质,聚集状态不同,分子间作用力不同,其吸收光谱也不同。通常物质由固态向气态变化,其波数将增加;极性基团的伸缩振动频率,随溶剂极性增加而降低,而在非极性溶剂中变化不大;物质在低温时,吸收峰尖锐一些,复杂一些,随着温度升高,谱带变宽,峰数变少。因此,在查阅标准红外图谱时,应注意试样状态、制样方法和测量条件等因素。

任务 4.3 红外光谱仪

常用的红外光谱仪有色散型和傅里叶变换型两大类。

4.3.1　色散型红外光谱仪

1)主要部件

色散型红外光谱仪的主要结构与紫外－可见分光光度计类似，也是由光源、单色器、吸收池、检测器和记录系统等部分组成。但是，由于红外光与紫外－可见光性质不同，红外光谱仪与紫外－可见分光光度计在光源、透光材料及检测器等方面也有很大差异。

(1)光源

光源要求能稳定发射高强度的连续红外光，最常用的是加热至1 100 ℃左右的硅碳棒、能斯特灯、碘钨灯、炽热镍铬丝圈等。

(2)单色器

单色器是色散型红外分光光谱仪的核心部件，主要由棱镜或光栅等色散元件、入射和出射狭缝、反射镜、凹面镜等构成。为了避免产生色差，红外仪器中一般不使用透镜。由于玻璃、石英对红外线几乎全部吸收，故应选择适当的红外透光材料制作棱镜、吸收池窗口、检测器窗口等。常用的红外透光材料有 NaCl、KBr、KRS-5(溴化铊和碘化铊的混合结晶体)、CaF_2 等，除 KRS-5 和 CaF_2 外，大多红外透光材料都易吸湿，因此，应保证仪器在特定的除湿环境中工作。

(3)吸收池

红外样品吸收池分为气体吸收池和液体吸收池两种，其重要的部分是红外透光窗片。通常用 NaCl 晶体、KBr 晶体(非水溶液用)或 CaF_2(水溶液用)等红外透光材料作窗片。对于固体样品，可将其分散在 KBr 中并加压制成透光薄片后测定，也可制成溶液装入吸收池内测定。对于热熔性的高聚物样品，也可制成薄膜供分析测定用。

(4)检测器

红外光子能量较低，不足以引起光电子发射，因此不能用光电管或光电倍增管作检测器。而硫酸三苷肽(TCS)热释电检测器、汞镉碲(MCT)检测器、真空热电偶等则是常用的红外检测器。

(5)记录系统

红外光谱仪一般都有自动记录仪记录谱图。新型的仪器都配有计算机和数据处理工作站，以控制仪器操作、进行数据处理和谱图检索等。

2)工作原理

色散型红外光谱仪一般均采用双光束，如图4.4所示。光源发出的连续红外光对称地分为两束，一束通过样品池，一束通过参比池。这两束光经过半圆形扇形镜面调制后进入单色器，再交替地照射到检测器。当样品有选择地吸收特定波长的红外光后，两束光强度就有差别，在检测器上产生与光强度差成正比的交流信号电压，通过机械装置推动锥齿形光楔，使参比光束减弱，直至与试样光束强度相等，与此同时，与光楔连动的记录笔就在图纸上描绘出样品的吸收情况，得到光谱图。

色散型红外光谱仪为低端仪器，其扫描速度慢，测定灵敏度、分辨率和准确度都较低。

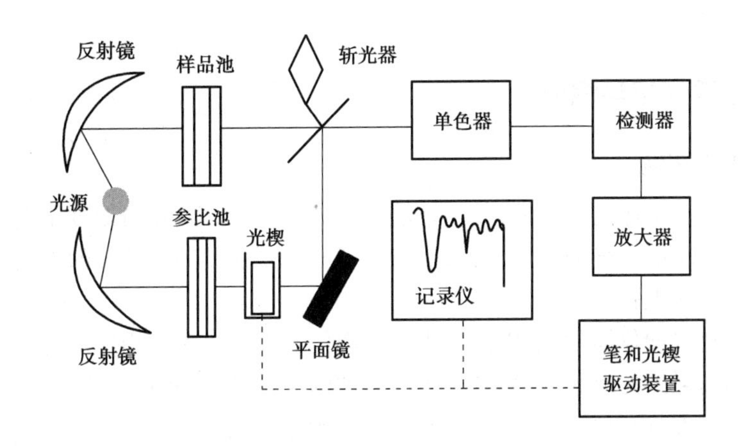

图4.4　色散型红外光谱仪工作原理

4.3.2　傅里叶变换红外光谱仪

傅里叶变换红外光谱仪是利用光的干涉方法，经过傅里叶变换而获得物质红外光谱信号的仪器。它没有色散元件，由光源（碳硅棒、高压汞灯）、迈克耳逊（Michelson）干涉仪、检测器、电子计算机和记录仪等部件组成，如图4.5所示。核心部分为迈克耳逊干涉仪，光源发出的红外辐射一经干涉仪转变成干涉光，通过试样后得到含试样结构信息的干涉图，由计算机采集，经过快速傅里叶变换数学处理，得到透光率或吸光度随波数或频率变化的红外光谱图。

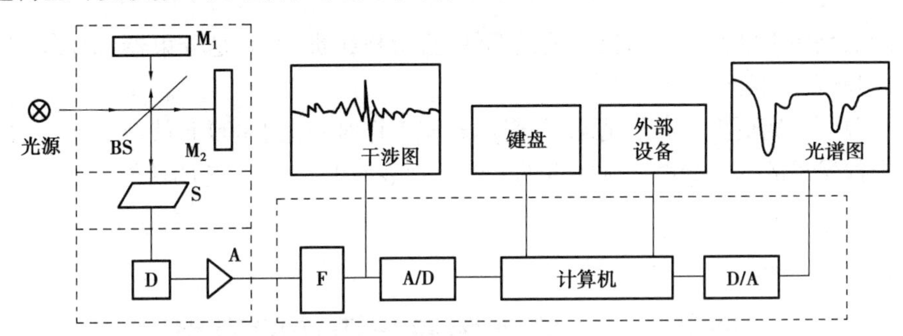

图4.5　傅里叶变换红外光谱仪示意图

M_1—固定镜；M_2—可动镜；BS—光束分裂器；S—样品；D—检测器；

A—放大器；F—滤光器；A/D—模拟/数字转换器；D/A—数字/模拟转换器

傅里叶变换红外光谱仪的特点：

①扫描速度快，测量时间短，可在1 s内获得红外光谱，可用于测定不稳定物质或对快速反应跟踪分析，也便于和色谱联用。

②灵敏度高，检出限可达10^{-12}～10^{-9} g，可用于超痕量分析。

③杂散光少，分辨率高，波长精度可达0.01 cm^{-1}。

④光谱范围广，测定精度高，对温度、湿度要求不高。

傅里叶变换红外光谱仪是许多国家药典绘制药品红外光谱的指定仪器。

4.3.3 日常维护与保养

1)仪器的工作环境

①仪器应安放在干燥的房间内,使用环境温度为15~30 ℃,相对湿度不超过65%。

②仪器应放在坚固平稳的工作台上,应避免仪器强烈的震动或持续的震动。

③室内照明不宜太强,应避免阳光直射。

④电扇不宜直接向仪器吹风,以防止光源灯因发光不稳定而影响仪器的正常使用。

⑤尽量远离高强度的磁场、电场及发生高频波的电气设备,并必须装有良好的地线。

⑥保持实验室安静和整洁,不得在实验室内进行样品化学处理。

2)仪器的维护和保养

①仪器应定期保养,保养时应注意切断电源,不要触及任何光学元件及狭缝机构。

②经常检查仪器存放地点的温度、湿度是否在规定的范围内。一般要求实验室装配空调和除湿机。

③每星期检查干燥剂两次。干燥剂中指示硅胶变色(蓝色变为浅蓝色),需要更换干燥剂。

④每星期保证开机预热2 h以上。

⑤仪器中所有的光学元件都无保护层,绝对禁止用任何东西揩拭镜面,镜面若有积灰,应用吹气球吹。

⑥干涉仪是傅里叶红外光谱仪的关键部件,且价格昂贵,尤其是分束器,对环境湿度有很高的要求,因此要注意保护干涉仪。

红外光源应定期更换。一般情况下,光源累积工作时间达1 000 h就应更换一次。否则,红外光源中挥发出的物质会溅射到附近的光学元件表面上,降低系统的性能。

任务4.4 红外吸收光谱法的应用

红外吸收光谱法应用广泛,不仅可用于已知化合物定性鉴别和未知化合物结构分析,还可用于定量分析和化学反应机理研究等。

4.4.1 样品的制备

样品制备是红外光谱分析的重要环节。为了得到一张高质量的红外光谱图,除了仪器性能外,在很大程度上取决于选择合适的样品制备方法以及熟练的操作技术。气、液及固态样品均可用红外光谱,不同物理状态的试样,有不同的测量方法。一般对试样的要求如下:

①试样纯度应大于98%,这样便于与标准光谱对照。复杂组分的试样各组分光谱相互重叠,难于解析。因此,要分离提纯后才能检测。

②试样中应不含有水分，以免干扰样品中羟基峰的观察，水分还会溶蚀吸收池的卤化物盐窗。

③试样的浓度和测试厚度应适当，确保光谱图中的大多数吸收峰的透光率处于10%～80%。

1）气体样品

气体样品可灌入气体槽内进行测定。气体槽的主体是玻璃筒，两端粘有红外透光的 NaCl 或 KBr 窗片，红外光从此窗片透过。先将气体槽内抽成真空，再将试样注入。若要稀释气样，可加入一定压力的红外非活性的惰性气体，如 N_2，Ar 等。槽内压力一般为6.7 kPa。

2）液体样品

液体样品制备方法有液膜法和液体吸收池法。

（1）液膜法

液膜法是定性分析中常用的简便方法。在两个圆形盐片之间滴1～2滴液体试样，形成一层薄的液膜（一般为0.001～0.05 mm），再放入光路中绘制图谱。此法制样测定结果重现性较差，不适于定量分析，对于低沸点易挥发的样品也无法测定。

（2）液体吸收池法

将液体样品注入液体吸收池内测定。常用的液体吸收池有固定式吸收池和可拆式吸收池。对于一些吸收很强的液体，也可用溶剂稀释后测定。吸收池两侧是用 NaCl 或 KBr 等晶体做成窗片，盐窗片是水溶性的，不能测定水溶液。配制溶液时要正确选择溶剂，溶剂对样品要有良好的溶解度，且其红外吸收不干扰测定。常用溶剂有 CCl_4（测定范围为4 000～1 300 cm^{-1}）、CS_2（测定范围1 300～650 cm^{-1}）。一般配成低于10%的溶液进行测定。

吸收池用毕应及时清洗，清洗剂含水量应低于0.1%，盐片清洗后应用红外灯烘干，保存在干燥器内。

3）固体样品

（1）压片法

压片法是测定固体样品常用的方法，尤其对不溶于有机溶剂的固体物质，采取压片法较合适。

取试样0.5～2 mg，在玛瑙研钵中研细，再加入100～200 mg 干燥的 KBr 粉末，充分研磨混匀，放入模具中加压成片，再放入光路中绘制图谱。要绘制一张高质量图谱，要求将固体颗粒研磨到比红外辐射波长小，否则红外辐射会被固体颗粒散射而部分损失。因此，样品颗粒要求研磨到2 μm 以下。

（2）石蜡糊法

石蜡糊法是将干燥的处理后的试样研细，与液体石蜡或全氟代烃混合，调成糊状，夹在盐片中测定。液体石蜡适用于1 300～400 cm^{-1}，全氟代烃适用于4 000～1 300 cm^{-1}。由于石蜡是高碳数饱和烷烃，因此，此法不适于测定饱和烷烃。

（3）薄膜法

薄膜法可将试样直接加热熔融后涂制或压制成膜，也可将试样溶解在低沸点的易挥发溶剂中，涂在盐片上，待溶剂挥发后成膜。此法主要用于测定能够成膜的高分子化合物。

（4）溶液法

溶液法是将固体样品在合适的溶剂中溶解配成浓度约5%的溶液，在液体吸收池中测定。

4.4.2 定性分析

红外光谱具有鲜明的特征性,其谱带的数目、位置、形状和强度都随化合物的不同而各不相同。因此,红外光谱法是定性鉴定和结构分析的有力工具。

1)已知物的定性鉴别

红外光谱吸收峰一般多达20个或以上,加上指纹区又各不相同,用于鉴定、鉴别化合物以及晶型、异构体区分,较其他物理化学方法更为可靠。因此,国内外药典广泛使用红外光谱鉴别药物,区分晶型和异构体。红外光谱鉴别药物,常用对照品对比法和标准图谱对比法。

(1)对照品对比法

将供试品和对照品在相同条件下绘制红外光谱,直接对比是否一致的方法,称为对照品对比法。此法可以消除不同仪器和测定条件造成的误差,但必须找到相应的对照品。

(2)标准图谱对比法

将绘制的试样红外光谱图与文献上的标准图谱对比是否一致的方法,称为标准图谱对比法。此法不需对照品,但不同仪器和测定条件的差异难于消除。常用的图谱有《药品红外光谱图集》、Sadtler 标准光谱、Sadtler 商业光谱等。

使用文献上的谱图应当注意:试样的物态、结晶形状、溶剂、测定条件以及所用仪器类型均应与标准谱图相同。

知识链接

《中华人民共和国药典》(二部)自1977年版开始采用红外光谱法用于一些药品的鉴别,在该版药典附录中收载了对照图谱。为了适应我国对药品监督检验的需要,国家药典委员会先后组织编制出版了《药品红外光谱集》1985年版和1990版,1985年版共收载国产药品红外光谱图423幅,1990年版共收载图谱582幅。为了适应光谱集编制工作的延续性,国家药典委员会编审组研究决定,分卷出版《药品红外光谱集》,1995年出版了第一卷,收载了光栅型红外分光光度计绘制的药品红外光谱图共685幅。2000年出版了第二卷,收载药品红外光谱图208幅,并全部改由傅里叶红外光谱仪绘制。2005年版出版了第三卷,共收载药品红外光谱图210幅(其中172个为新增品种,38个老品种重新绘制了图谱)。2010年出版了第四卷,共收载药品红外光谱图124幅。2015年出版了第五卷,本卷共收载药品红外光谱图94幅。

凡在《中华人民共和国药典》和国家药品标准中收载红外鉴别或检查的品种,除特殊情况外,《药品红外光谱集》中均有相应收载。《中华人民共和国药典》和国家药品标准中不另收载红外光谱图。《药品红外光谱集》是药品生产、监督和检验必备的国家药品标准系列图书。

2)未知化合物结构分析

未知化合物结构分析是红外光谱定性分析的一个重要用途。绘制红外光谱前,将试样提纯和干燥,根据试样性质和仪器选择合适的制样方法和试验条件。

未知物如果不是新化合物,标准光谱已有收载的,可由两种方法来查对标准光谱:

①利用标准光谱的谱带索引,寻找标准光谱中与试样光谱吸收带相同的谱图。

②进行光谱解析,判断试样可能的结构。然后由化学分类索引查找标准光谱对照核实。

解析红外光谱前,要多了解试样的来源和理化性质。样品物理常数,例如熔点、沸点、折射率、旋光率等都可作为结构分析的旁证。根据元素分析及分子量的测定,求出分子式。先计算不饱和度,再解析图谱。

(1)计算不饱和度,估计不饱和键数或环数

不饱和度是指分子结构中达到饱和所缺一价元素的"对"数,通常用希腊字母 Ω 表示。根据试样元素分析和相对分子质量推测出分子式,计算不饱和度,估计分子中是否含有不饱和键或环等。

不饱和度的计算公式为

$$\Omega=\frac{2n_4+n_3-n_1+2}{2}$$

式中　n_4,n_3,n_1——四价原子(如C)、三价原子(如N)、一价原子(如H,Cl)的数目,二价原子(如S,O)不参加计算。

根据 Ω 值,可初步推断化合物类型。$\Omega=0$ 时,分子是饱和的,可能是链状烷烃或其不含不饱和键的衍生物;$\Omega=1$ 时,分子可能有一个双键或脂环;$\Omega=2$ 时,分子可能有一个三键,或两个双键,或两个脂环,或一个双键和一个脂环;$\Omega\geq4$ 时,分子可能有一个苯环,以次类推。

例如:C_8H_8

$$\Omega=\frac{2\times8+0-8+2}{2}=5$$

其可能的结构为

$C_6H_5-CH=CH_2$

(2)光谱解析

红外光谱解析一般原则为:一是先特征,后指纹;先强峰,后次强峰。以最强峰为线索找到相应的主要相关峰。二是先粗查,后细找;先否定,后肯定。由一组相关峰确认一个官能团。

【例4.1】　某化合物 $C_9H_{10}O$,其IR光谱主要吸收峰为(cm^{-1})3 080,3 040,2 980,2 920,1 690(s),1 600,1 580,1 500,1 465,1 370,750,690,试推断此化合物的分子结构。

解　$\Omega=\frac{2\times9-10+2}{2}=5$,分子结构中可能有苯环或其他不饱和结构;

1 690 cm^{-1}强吸收,为 $v_{C=O}$,有羰基存在;

1 600 cm^{-1}、1 580 cm^{-1}、1 500 cm^{-1}有吸收,为 $v_{C=C}$(苯环骨架);

3 080 cm^{-1}、3 040 cm^{-1}有吸收,苯环的 v_{C-H};

750 cm^{-1}、690 cm^{-1}双峰,苯环的 γ_{C-H}(单取代);

2 980 cm^{-1}有吸收,CH_3的 v_{CH_3};2 920 cm^{-1}有吸收,CH_2的 v_{CH_2};

1 370 cm^{-1}有吸收，为δ_{CH_3}；1 465 cm^{-1}有吸收，为δ_{CH_2}。

因此，该化合物可能的分子结构为

$$\overset{O}{\overset{\|}{C}}-CH_2CH_3$$

【例 4.2】 某化合物的分子式为C_8H_7N，其红外光谱如图 4.6 所示，试推断其结构。

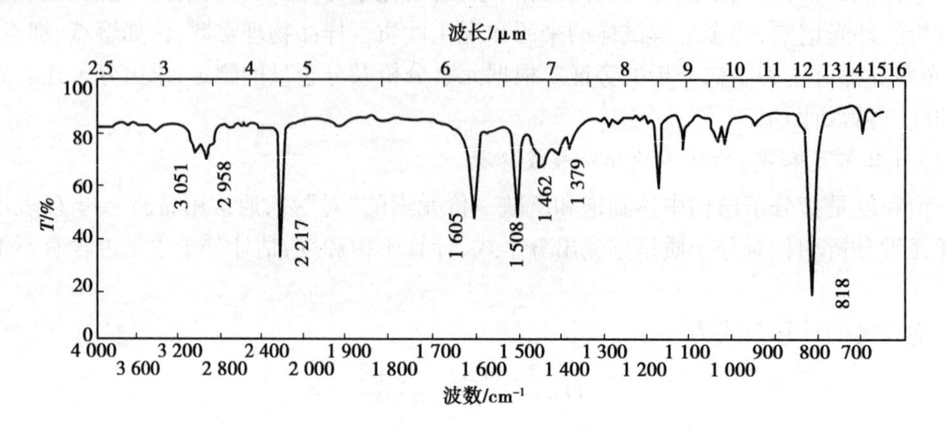

图 4.6 C_8H_7N 的红外光谱图

解 $\Omega=\dfrac{2\times8+1-7+2}{2}=6$，分子结构中可能有苯环或其他不饱和结构。

3 051 cm^{-1}处有一中强峰，可能为苯环的υ_{C-H}；

1 605 cm^{-1}、1 508 cm^{-1}处有两中强峰，1 450 cm^{-1}左右有弱峰，可能为$\upsilon_{C=C}$（苯环骨架）；

818 cm^{-1}处有一强峰，为对二取代苯环的γ_{C-H}；

2 217 cm^{-1}处有吸收峰为氰基的υ_{C-N}，氰基的不饱和度为 2；

2 958 cm^{-1}处为甲基的υ_{C-H}^{as}的吸收峰，1 462 cm^{-1}、1 379 cm^{-1}处为甲基δ_{C-H}的吸收峰。

综上所述，该化合物的可能结构为

$$H_3C-\quad-CN$$

对照谱图作进一步验证，各吸收峰与结构式中的相应基团的振动频率相符，结构式中各元素原子个数与分子式相符，结构式的$\Omega=6$，与计算值相同。因此，可确定该化合物为对甲基苯腈。

4.4.3 定量分析

气体、液体和固体样品都可用红外光谱法进行定量分析。它的理论依据是朗伯－比尔定律。红外光谱比较复杂，吸收峰往往不对称，通常应在谱图中选取待测组分强度较大、干扰较小的吸收峰作为测定的对象，然后用基线法来求其吸光度。如图 4.7 所示，通过测量峰两边的

峰谷作一切线，以两切点连线的中点确定 I_0，以测量峰顶点确定 I_t，从而计算吸光度为

$$A = -\lg T = \lg \frac{I_0}{I_t}$$

再根据朗伯－比尔定律可求得组分的浓度。

若使用傅里叶变换红外光谱仪，则可使用定量软件，用峰高或峰面积定量，可使定量计算简化。

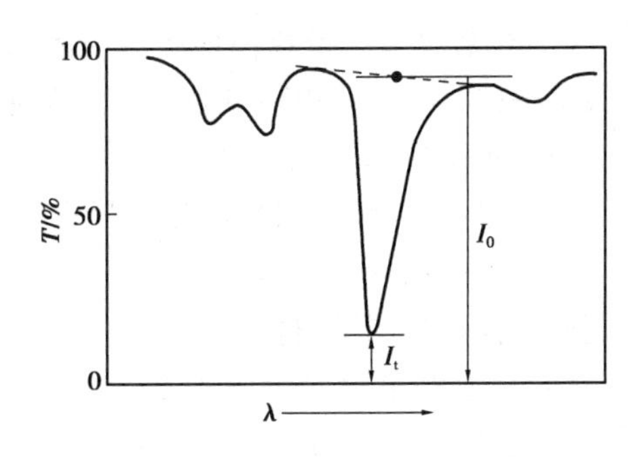

图 4.7 基线法求吸光度示意图

【技能实训】

实训 红外吸收光谱法鉴定阿司匹林

【实验目的】

(1)了解傅里叶变换红外光谱仪的基本构造及工作原理。

(2)学习用傅里叶变换红外光谱仪进行样品测试。

(3)学习利用红外光谱法鉴别阿司匹林。

【实验原理】

有机药物分子的组成、结构、官能团不同时，其红外吸收光谱也不同，可据此进行药物的鉴别。依据《中华人民共和国药典》，在进行药物鉴别实验时采用与对照图谱比较法，要求按规定条件绘制供试品的红外光吸收图谱，与相应的标准红外图谱进行比较，核对是否一致(峰位、峰形、相对强度)，如果两图谱一致时，即为同一种药物。

【仪器与试剂】

(1)仪器：IRprestige-21 型傅里叶变换红外光谱仪。

(2)试剂：阿司匹林原料药，溴化钾(色谱纯)，压片机，模具，玛瑙研钵，样品架，电子天平，干燥器，烘箱，真空泵。

【实践内容与操作】

1)制备样品

(1)空白对照溴化钾片的制备。用电子天平称取 200 mg 干燥的溴化钾置于洁净的玛瑙研钵中研磨均匀，移置于压模中，使铺布均匀，压模与真空泵相连，抽真空约 2 min 后，加压至 800 000 ~ 1 000 000 kPa，保持 5 min，除去真空，取下模具，冲出 KBr 片，目视检查应均匀透明，无明显颗粒。

(2)样品阿司匹林片的制备。称取干燥的阿司匹林(乙酰水杨酸)2 mg 和干燥的溴化钾 200 mg 置于玛瑙研钵中，同空白对照溴化钾片的制备方法一样制得阿司匹林片。

2)用红外光谱仪采集信息

(1)开机。开启计算机及光谱仪，打开操作界面，预热 20 min。

(2)参数设置。设置扫描次数(No. of scans)为10次,设置分辨率(Resolution)为4,设置记录范围(Range)为400~4 000。其他项目均默认设置。

(3)图谱扫描。

①背景扫描:将对照品溴化钾片置于光路,单击BKG按钮进行背景扫描。

②样品扫描:把样品阿司匹林片放入样品室,单击Sample进行样品测试,测试完成后获得阿司匹林样品的图谱,打印图谱。

(4)实验结束后,关闭操作窗口,将仪器复原(不同型号的傅里叶红外光谱仪操作规程有所不同,参见其说明书)。

3)阿司匹林样品鉴别

在实验绘制的样品图谱官能团区找出—C═O、—OH、—C—O—C、$—CH_3$、苯环等的特征峰,在指纹区找出苯环邻位取代的特征峰,然后与标准图谱(图4.8)分析比对是否一致(峰位、峰形、相对强度)。

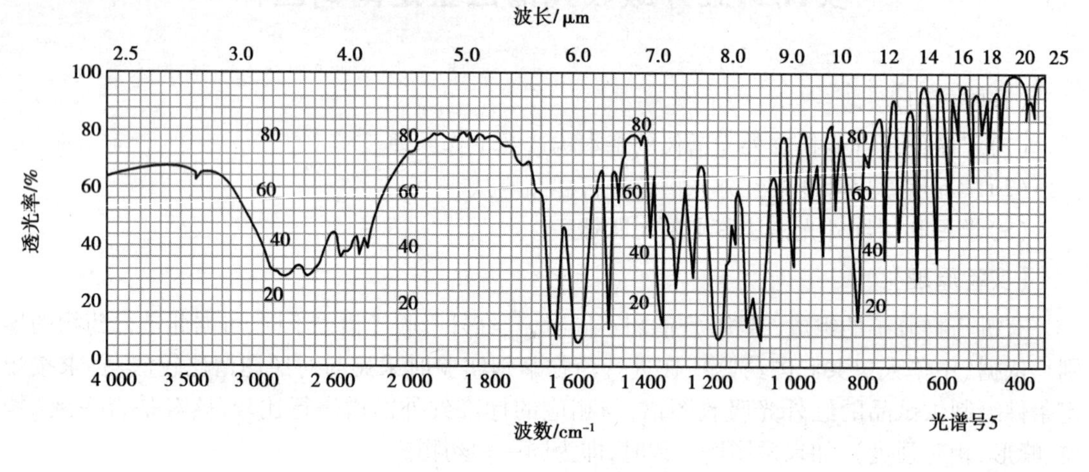

图4.8　阿司匹林标准图谱

【注意事项】

(1)录制红外光谱时,必须对仪器进行校正,以确保测定波数的准确性和仪器的分辨率符合要求。

(2)压片模具使用时压力不能过大,以免损坏模具;使用完毕后用无水酒精棉擦洗干净,放入干燥器中备用。玛瑙研钵使用完毕后也用无水酒精棉擦洗干净,放入干燥器中备用。

(3)供压片用溴化钾在无光谱纯品时,可用分析纯试剂,如无明显吸收,则无需精制,可直接使用。

一、填空题

1. 一般将多原子分子的振动方式分为__________振动和__________振动，前者又分为__________振动和__________振动，后者可分为__________、__________和__________。

2. 在红外光谱中，将基团在振动过程中有__________变化的称为__________；有__________变化的称为__________。一般前者在红外光谱图上__________。

3. 基团—OH、$—NH_2$；≡CH、═CH、芳环中 C—H；烷烃 C—H 的伸缩振动频率范围分别为__________ cm^{-1}；__________ cm^{-1}；__________ cm^{-1}。

4. 基团 C≡N、C≡C；C═O；C═N、C═C(脂肪)、—N═N—的伸缩振动频率范围分别为__________ cm^{-1}；__________ cm^{-1}；__________ cm^{-1}。

5. __________区域的峰是由伸缩振动产生的，基团的特征吸收一般在此范围，它是鉴别__________最有价值的区域称为__________区，__________区域中，当分子结构稍有不同时，该吸收就有微细的不同，称为__________区。

6. 许多国家药典绘制药品红外光谱指定使用__________红外光谱仪。__________是固体样品常用制样方法。

二、选择题

1. 下列分子中，不能产生红外吸收的是(　　)。
A. CO　B. H_2O　C. SO_2　D. H_2

2. 电磁辐射(电磁波)按其波长可分为不同区域，其中红外区波长区是(　　)。
A. 12 820 ~ 4 000 cm^{-1}　B. 4 000 ~ 400 cm^{-1}
C. 200 ~ 33 cm^{-1}　D. 33 ~ 10 cm^{-1}

3. 在有机化合物的红外吸收光谱分析中，出现在 4 000 ~ 1 250 cm^{-1} 频率范围的吸收峰可用于鉴定官能团，这一段频率范围是(　　)。
A. 指纹区　B. 特征区　C. 基频区　D. 合频区

4. 下列伸缩振动基频吸收红外光波数最高的是(　　)。
A. C═C　B. C═O　C. O—H　D. C—H

5. 红外光谱仪的样品池窗片是(　　)。
A. 玻璃做的　B. 石英做的　C. 溴化钾做的　D. 花岗岩做的

6. 使基团频率向高波数位移的因素是(　　)。
A. 吸电子诱导效应　B. 氢键　C. 溶剂极性增大　D. 共轭效应

7. 乙炔分子的平动、转动和振动自由度的数目分别为(　　)。
A. 2,3,3　B. 3,2,8　C. 3,2,7　D. 2,3,7

8. 在醇类化合物的红外光谱中，O—H 的伸缩振动频率随溶液浓度的增加，向低波数方向位移的原因是(　　)。
A. 诱导效应变大　B. 形成氢键增强　C. 溶液极性变大　D. 易产生振动耦合

三、光谱解析题

1. 某化合物的分子式为 C_8H_6，其 IR 谱如图 4.9 所示，试通过光谱解析推断其可能的结构。

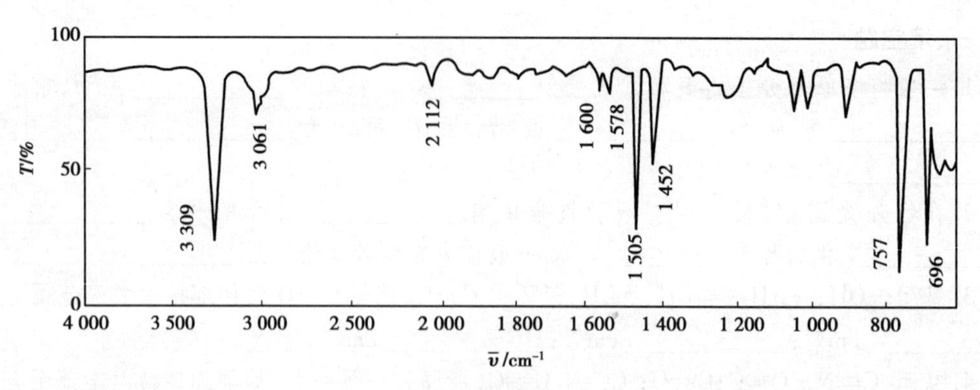

图 4.9　C_8H_6的红外光谱图

2. 某未知物的分子式为 C_8H_{16}，其 IR 谱如图 4.10 所示，试通过光谱解析推断其可能的结构。

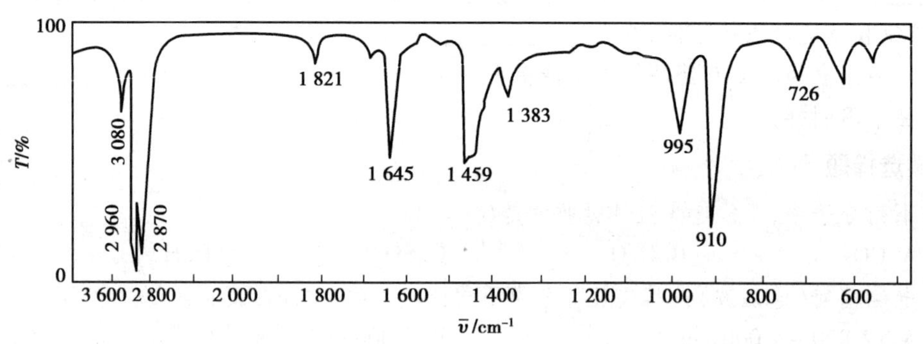

图 4.10　C_8H_{16}的红外光谱图

四、问答题

1. 红外光谱产生的条件有哪些？
2. 影响基团频率的因素有哪些？
3. 红外光谱和紫外光谱有哪些不同？
4. 乙炔分子中的 C═C 对称伸缩振动有无红外吸收？为什么？

项目5　荧光光谱分析技术

【知识目标】

熟悉荧光分析法的测定原理及物质产生荧光的条件；了解荧光分光光度计的主要部件，影响荧光强度的因素，分子荧光光谱法的应用。

【技能目标】

能进行标准试液和待测试液的配制，会进行荧光光度计的校正和正确操作。

【项目简介】

当某些物质分子被光照射时，会吸收某些波长的光，然后再发射出波长更长的光，当照射光停止时，发射光也随之消失，这种光致发射光称为荧光。荧光分析法就是利用荧光物质分子所发射的荧光的特性和强度建立起来的分析方法。物质的分子结构不同，其发射的荧光光谱也不同，因而可以利用荧光光谱对物质进行定性鉴别；同种物质浓度不同，其发射的荧光强度也不同，利用该性质可以对物质进行定量分析。

分子荧光光谱分析法灵敏度高，高达 $10^{-12} \sim 10^{-10}$ g/mL；对于有机化合物的分析，荧光法的选择性高于紫外－可见分光光谱法。目前分子荧光光谱分析法在药学、生物化学、临床分析、环境科学等多个领域得到广泛应用。

【工作任务】

任务5.1　基本原理

5.1.1　分子荧光的产生

1）分子的激发

没有能量干扰时，分子的价电子处于能量最低的基态（S_0），此时分子称为基态分子。当基态分子吸收辐射后，价电子可从基态跃迁至高能级的分子轨道上（如第一电子激发态 S_1 或更高电子激发态的不同振动能级），这个过程称为分子的光致激发。

基态时，电子成对地分布于各原子或分子轨道中，在给定的轨道中，两个电子具有相反的自旋方向，即基态单重态（S_0），此时具有最低的电子能。当分子的一个价电子吸收辐射跃迁至激发态，电子自旋方向不变时，称为激发态的单重态，用 S 表示（跃迁至第一电子激发态时用 S_1 表示，跃迁至更高能级的依次用 S_2，S_3 等表示）。当电子在跃迁过程中，自旋方向发生改变时，即与基态的电子自旋方向相同时，称为激发态的三重态，用 T 表示（根据跃迁的能级不同，依次用 T_1，T_2 等表示），如图 5.1 所示。

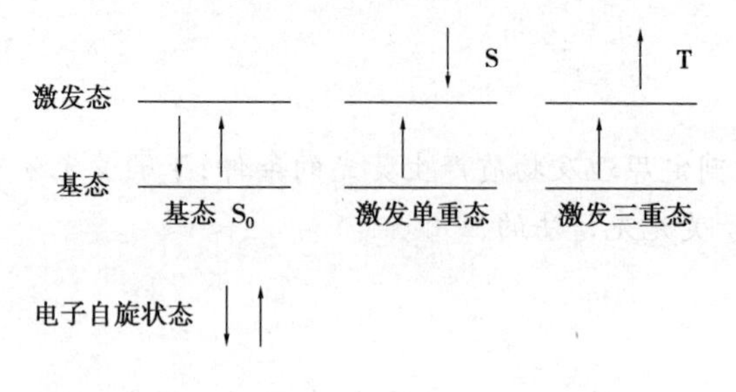

图 5.1　电子自旋状态的多重性示意图

2）分子的去激发

处于激发态的电子是不稳定的，总要释放掉一部分能量，跃迁回到基态。释放能量的方式有无辐射跃迁和辐射跃迁两种方式。无辐射跃迁包括振动弛豫、内转换、体系间跨越及外转换。辐射跃迁包括荧光和磷光，如图 5.2 所示。

各跃迁方式发生的可能性及程度取决于物质本身的结构及所处的物理、化学环境。

（1）无辐射跃迁

①振动弛豫。处于激发态的分子，通过分子间的碰撞，将多余的能量以热的形式传递给周围的分子，而自身从同一电子能级内的高振动能级回到低振动能级上，这一过程称为振动弛豫，产生时间极短（$10^{-13}\sim10^{-11}$ s）。

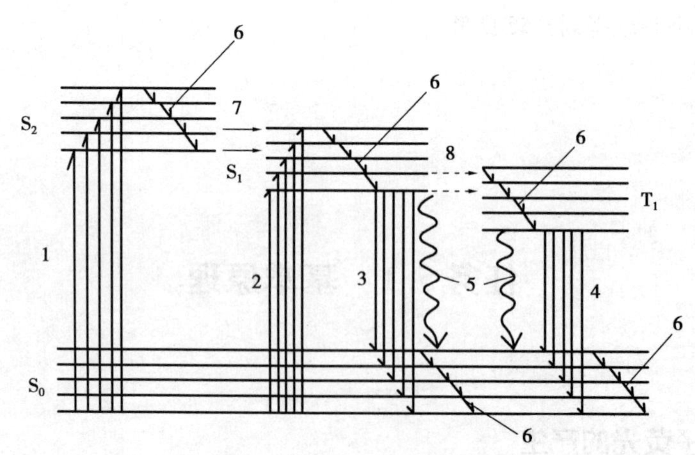

图 5.2　分子荧光与磷光能级图

1—吸收 λ_1；2—吸收 λ_2；3—荧光；4—磷光；5—外转换；6—振动弛豫；7—内转换；8—体系间跨越

②内转换。同一多重态的不同电子能级间有能量重叠时（如 S_2 态的较低振动能级和 S_1 态的较高振动能级间），分子有可能从高一级电子能级（S_2 态）过渡到低一级电子能级（S_1 态）上，这种无辐射的去激过程，称为内转换。内转换的时间需 $10^{-13} \sim 10^{-11}$ s。

③体系间跨越。发生在不同多重态间的无辐射跃迁称为体系间跨越。比如 S_1 态的低振动能级和 T_1 态的高振动能级能量有重叠，即可能产生这种跃迁。由于体系间跨越时，电子自旋方向要改变，因而比内转换困难，需时约 10^{-6} s。

④外转换。激发态分子与溶剂分子、其他溶质分子等相互碰撞使能量转移而去激的过程，统称为外转换，这一过程会使荧光强度减弱甚至消失，因而又称为荧光熄灭或荧光猝灭。

(2) 辐射跃迁

①分子荧光。当激发态分子经振动弛豫等能量转换到达 S_1 态的最低振动能级，以辐射的形式释放能量，回到基态，这一过程发射的光即为荧光。这种跃迁是相同多重态间的允许跃迁，故跃迁概率大，辐射过程快，一般为 10^{-8} s。

由于分子吸光激发后，经过振动弛豫等能量转换方式释放一部分能量到达 S_1 态的最低振动能级，然后才发射荧光跃迁回 S_0 态，故荧光的能量总小于激发光能量，即分子发射的荧光波长总比其激发光波长长。

电子发射荧光跃迁回 S_0 态时，可以停留在不同的振动能级，通过振动弛豫回到 S_0 态的最低振动能级，故得到的荧光光谱有时出现几个靠近的小峰。

②分子磷光。当激发态分子回到 S_1 态的低振动能级后，有可能经体系间跨越跃迁至 T_1 态，经振动弛豫回到 T_1 态的最低振动能级，然后以辐射的形式回到基态，这个过程所发出的光称为磷光。由于要经过体系间跨越然后才发光，故发光时间较长，一般为 $10^{-4} \sim 10$ s，即磷光的发生较荧光晚。因 T_1 态的最低振动能级的能量稍低于 S_1 态的最低振动能级，所以磷光能量比荧光能量更小，其波长比荧光更长。分子由受激到发射磷光时间较长，这期间可能因为分子相互碰撞而发生无辐射跃迁回到基态，减少了磷光的发射概率。为了抑制因分子运动和碰撞形成的无辐射去激发，一般用液氮冷却，在刚性玻璃态的溶剂中观测磷光。

5.1.2 激发光谱和荧光光谱

分子荧光是属于被激发后产生的辐射，因此，具有激发光谱和荧光光谱两种特征光谱。

1) 激发光谱

若要物质分子产生荧光，首先需要光源提供辐射让其激发。

激发光谱的测绘：固定荧光波长，改变激发光波长，测定物质在不同激发光波长下的荧光强度。以激发光波长为横坐标，荧光强度为纵坐标作图，所绘制的曲线即为激发光谱。无论选择固定哪个波长的荧光，测得激发光谱形状都是相似的，只是高低的区别（灵敏度的高低不同）。激发光谱反映了激发光波长与荧光强度间的关系，为荧光分析选择最佳激发光提供依据（理论上讲，为了获得高灵敏度，应选择最大激发波长的光做激发光，因为在这一波长下，处于激发态的分子数多，灵敏度高）。

同一物质的激发光谱和它的紫外 - 可见吸收光谱相似。因为荧光的产生是物质吸收了这些波长的紫外 - 可见光受激后，才能发射荧光。吸收越强，发射的荧光才越强。理论上，这种激发光谱和它的紫外-可见吸收光谱应该是一致的，但因为吸收光谱测定对象是物质对紫外光的吸收度，而激发光谱的测定对象是受激了后的荧光强度，包含了光源和单色器的特性，实际上两种光谱不能完全重叠。

2）荧光光谱

物质吸收能量受激后发射的荧光发射光谱简称荧光光谱。

荧光光谱的测绘：固定激发光波长，改变荧光波长，测定物质在不同荧光波长下的荧光强度。以荧光波长为横坐标，荧光强度为纵坐标作图，所绘制的曲线即为荧光光谱。它表示的是该物质所产生的荧光中，不同波长组分的相对强度。荧光光谱形状取决于物质本身的结构，可用于荧光物质的鉴别，也为荧光分析的测定波长选择提供依据。

3）两者关系

（1）荧光光谱的形状与激发光波长无关

因为分子无论吸收哪个波长的激发光，被激发到哪一个激发态，都经过无辐射的振动弛豫、内转换等方式回到S_1态的最低振动能级，然后才产生的荧光，所以物质的荧光光谱的形状是和激发光波长无关的。

（2）荧光光谱和吸收光谱大体呈“镜像关系”

分子吸收紫外-可见辐射由S_0态跃迁至S_1态所产生的吸收光谱，其形状取决于S_1态中各振动能级的能量间隔分布情况。分子荧光光谱是S_1态的最低振动能级跃迁至S_0态的不同振动能级跃迁产生的，其形状取决于S_0态中各振动能级的能量间隔分布情况。而S_1态和S_0态中各振动能级的能量间隔分布情况相似，所以吸收光谱和荧光光谱是相似的。

吸收光谱中，S_1态的振动能级越高，与S_0态的能量差越大，所对应的吸收峰的波长越短；荧光光谱中，S_0态的振动能级越高，与S_1态的能量差越小，所对应的荧光波长越长。因此，吸收光谱和荧光光谱相似，但呈“镜像”对称关系。

（3）Stokes 位移

同一物质的荧光发射相对于吸收位移到较长的波长，这种现象称为Stokes位移。产生这种现象的原因是：物质吸收激发光受激后，经过振动弛豫和内转换消耗了能量才发射了荧光。

5.1.3 影响荧光强度的因素

物质发射荧光必须满足两个条件：一是要有一定强度紫外-可见光吸收（跃迁到激发态）；二是要有一定的荧光效率。

1）荧光效率

通过前面的学习可知，由于内转换、体系间跨越跃迁及外转换过程，物质分子并不是每吸收一个光子跃迁到激发态都能发射一个荧光光子。物质发射荧光的光子数与吸收激发光光子数的比值称为荧光效率。

$$\varphi_f = \frac{\text{发射的荧光光子数}}{\text{吸收的激发光子数}} = \frac{\text{发射的荧光强度}}{\text{吸收的激发光强度}}$$

φ_f值为0~1，反映了荧光物质发射荧光的能力，值越大，该物质的荧光越强。

2）分子结构

一个化合物能否产生荧光，荧光强度的大小及最大激发光波长（λ_{ex}）、最大荧光波长（λ_{em}）均与该化合物的分子结构有关，了解分子结构与荧光的关系，就可判断一个化合物是否能发射荧光、发射荧光的条件及荧光特征。

（1）跃迁类型

由产生荧光的条件可知，一个化合物能发射荧光的前提是有强的紫外－可见光吸收，分子中有产生 $n\rightarrow\pi^*$ 跃迁和 $\pi\rightarrow\pi^*$ 跃迁的结构才能有紫外－可见光吸收。但含有氧、氮、硫等杂原子的 $n\rightarrow\pi^*$ 跃迁产生的为弱吸收，且体系间跨越强烈，故荧光很弱或不发荧光。发生 $\pi\rightarrow\pi^*$ 跃迁的分子为强吸收（摩尔吸光系数为 10^4），可产生强的荧光辐射。但只有孤立双键的化合物，不呈现显著荧光。

（2）共轭结构

含有共轭体系的 $\pi\rightarrow\pi^*$ 跃迁产生的紫外－可见光吸收强度大，才有较强的荧光效率。共轭体系越长，π 电子越易激发，也越易产生荧光。有机芳香族化合物及其金属离子配合物多为强的荧光物质。表 5.1 显示了几种芳烃化合物的荧光性质。

表 5.1 几种芳烃化合物的荧光性质

化合物	结构式	荧光效率	$\frac{\lambda_{ex}}{\lambda_{em}}$/nm
苯		0.11	$\frac{205}{278}$
萘		0.29	$\frac{286}{321}$
蒽		0.46	$\frac{365}{400}$

含有长共轭双键的脂肪烃也可能有荧光，如维生素 A，结构见下图，但此类化合物不多。

CH_2OCOCH_3

维生素 A，$\lambda_{ex}=327$ nm，$\lambda_{em}=510$ nm

（3）刚性平面结构

分子刚性共平面增大，使共轭程度增高，同时减少分子振动，减少荧光分子与溶剂及其他溶质分子的相互作用，所以荧光强度增加。

如，荧光素和酚酞，结构相似，荧光素比酚酞多了一个氧桥，使分子平面性增大，刚性增加，则荧光素是强荧光物质，酚酞不能发射荧光。

有些化合物本身不发荧光或弱荧光，通过和金属离子形成配合物后，增加分子刚性共平面，则产生荧光或增强荧光。如 8-羟基喹啉是弱荧光，与 Mg^{2+}，Al^{3+} 等形成配合物后，荧光增强。

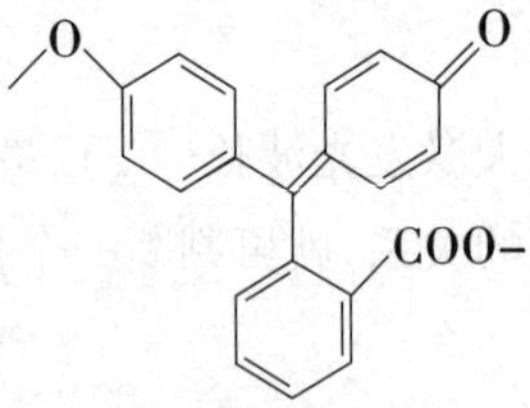

酚酞 $\varphi_f = 0$ 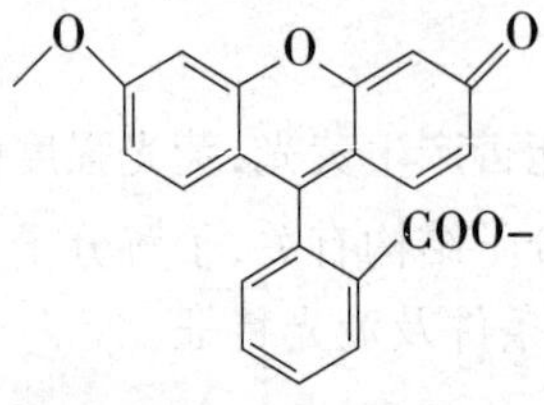　　　　荧光素 $\varphi_f = 0.92$

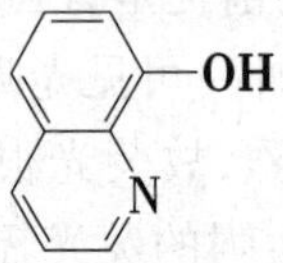

8-羟基喹啉,弱荧光 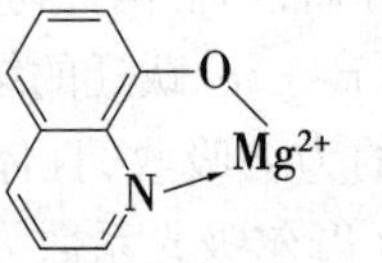　　　　8-羟基喹啉镁,强荧光

(4)取代基效应

荧光物质的取代基种类和位置会影响它的荧光光谱形状和荧光强度。

①给电子取代基增强荧光。给电子基团上的 p 电子云与芳环上的 π 电子轨道平行,产生了 p-π 共轭作用,增大共轭体系,因而荧光效率增大。常见的给电子基团有:—OH,—OR,—NH_2,—NR_2等。

②吸电子取代基减弱荧光。吸电子基团上的 p 电子云与芳环上的 π 电子云不在同一平面,使共轭效应减弱,通常使荧光减弱。常见的吸电子基团有:—COOH,—NO,—NO_2,—C═O 及卤族元素的原子等。其中卤族元素的原子取代后,使体系间跨越增强,从而降低荧光,增强磷光,这种效应称为重原子效应。

3)化学环境

(1)溶剂的影响

通常溶剂极性增大,可使 $\pi \to \pi^*$ 跃迁的能量降低,跃迁概率增加,吸光强度增大,因此荧光增强。溶剂黏度增大,分子的运动受阻,分子间的碰撞概率减弱,使无辐射跃迁减少,荧光增强。

(2)温度的影响

温度降低能使分子间碰撞的概率减少,无辐射跃迁减少,荧光增强。如荧光素钠的乙醇溶液在 0 ℃以下,每降低 10 ℃,φ_f增加 3%,在 −80 ℃,其 φ_f接近 1。

(3)pH 值的影响

弱酸性或弱碱性的荧光物质的荧光特性受溶液的 pH 值影响较大。当 pH 值改变时,会影响荧光体的存在形式,不同存在形式其电子结构不同,因而具有不同的荧光特性。

例如,苯胺在 pH 值为 7 ~ 12 时,以分子存在,而具有蓝色荧光,在 pH < 2 的酸性溶液中,以苯胺阳离子形式存在,pH > 13 的碱性环境中,以苯胺的阴离子形式存在,这两种存在形式均没有荧光。

因此,荧光分析法必须严格控制溶液的 pH 值,也可通过调节溶液 pH 值的方法来提高荧光分析法的灵敏度和准确性。

(4)表面活性剂的影响

在水溶液中,如果把表面活性剂的浓度增大到临界胶束浓度,使之缔合成球状胶束,对荧光质点起保护作用,减轻荧光猝灭和无辐射跃迁,使荧光增强。表面活性剂的胶束水溶液对荧光分析具有增溶、增稳、增敏等独特性质，该技术在荧光分析中得到了广泛地研究和应用。

(5) 荧光猝灭剂的影响

荧光物质分子与溶剂分子及其他溶质分子的相互作用使荧光强度减弱的现象称为荧光猝灭。引起荧光强度下降的物质，称为荧光猝灭剂。卤素离子、重金属离子、氧分子、硝基化合物、重氮化合物、含羰基化合物及含羧基化合物等为常见的荧光猝灭剂。

荧光猝灭在荧光分析中是个不利因素，但也可利用猝灭剂对荧光物质的猝灭作用建立荧光猝灭定量分析法。

4) 荧光物质的浓度

荧光物质的浓度增大，分子间碰撞的概率增大，发射无辐射跃迁的可能性增大，减低荧光效率，甚至发生荧光猝灭，这种由浓度大引起的荧光猝灭现象称为自猝灭。当浓度超过 1 g/L 时，常发生自猝灭。

任务 5.2 荧光光度计

5.2.1 构造与原理

1) 构造

荧光光度计的种类有很多，包括手动式、自动记录仪和微机化式。但基本构造由以下几部分组成：激发光源、单色器（两个）、样品池、检测器和数据处理与显示。荧光光度计基本结构如图 5.3 所示。

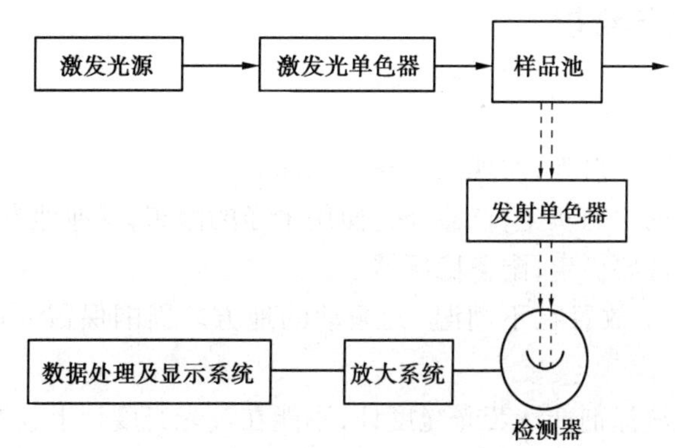

图 5.3 荧光光度计基本装置示意图

(1) 激发光源

激发光源的作用是提供能量使荧光物质分子激发。对光源的要求是发射强度大，波长范围宽。

目前荧光分光光度计的光源是氙灯，能发射 250 ~ 800 nm 的连续光谱，且强度大，在300 ~ 400 nm 波段的光强度几乎相等。

此外高压汞灯、氢灯、卤钨灯也可作为某些荧光光度计的光源。近年来,激光荧光应用较广,其单色性好,发光强度大,采用激光器作光源:有氮激光器、氩离子激光器、可调染料激光器及半导体激光器等。

(2)单色器

荧光光度计有两个单色器。第一个单色器置于光源和样品池间,称其为激发光单色器,其作用是选择特定波长的激发光。第二个单色器置于样品池和检测器间,称其为发射光单色器,作用是滤掉样品池的反射光、散射光、样品溶液中干扰物产生的荧光等杂光的干扰。

(3)样品池

荧光分析的样品池用低荧光的材料制成,一般为石英,形状多为四面透光的方形池,可降低散射光的影响,方便从激发光路的垂直方向进行测量。操作时,应注意拿样品池的棱,防止污染光学面。

(4)检测器

通常用光电倍增管作检测器,高端仪器可采用二极管阵列检测器。二极管阵列检测器扫描速度快,能同时记录下完整的荧光光谱。

与紫外-可见分光光度计不同的是,荧光光度计的检测光路和激发光光路是相互垂直的。因为荧光的发射是各个方向都有,如果检测器迎着激发光传播方向,则强烈的激发光的余光会干扰荧光的检测。

2)荧光光度计的工作原理

光源发出的光经激发光单色器分光后得到某一波长的光,照射到样品池,被测物质吸收能量被激发后发射出荧光,发射的荧光经发射光单色器分光得到待测波长的荧光,照射到光电倍增管检测器上,由其所产生的信号经放大器放大输出至数据记录处理装置。

5.2.2 日常保养与维护

1)日常保养

①每天检查室内的防尘设施,发现问题及时维修。

②每天清理仪器及周边的灰尘,仪器外壳使用干净的湿布,其他地方建议使用吸尘器。

③荧光光度计的电源要稳定,配备稳压器。

④荧光光度计应水平放置在不潮湿、无振动的地方。周围保留3 cm以上的空间,便于散热。

⑤不能用水及其他洗涤剂冲洗荧光光度计;不能在荧光光度计上放置重物。

⑥检测结束后,应关闭荧光仪的电源,从而延长其使用寿命。

2)常见故障排除

(1)仪器开机自检不通过

①计算机系统出错:关机重新开启。

②主机与计算机连接电缆没接好:重新连接。

③电机故障:联系服务技术工程师维修。

(2)测试数据不稳定

①光源不稳定:查看氙灯的使用记录,检查是否快到或已到额定寿命,如果是,更换新灯。

②测试样品本身不稳定。

(3)无结果显示

①无激发光源:查看氙灯是否被点亮。

②如果氙灯已被点亮:查看狭缝是否关闭。

③信号传输线断开:联系生产厂家技术工程师维修。

④样品没有荧光,或者荧光太弱,检测不到。

⑤样品有荧光,但测量参数(如激发波长、扫描范围等)设置错误而导致测不到峰:重新设置测量参数。

(4)氙灯未点亮

①查看主机电源是否接通。

②断开电源后查氙灯的保险丝,如已断,更换新保险丝。

③氙灯损坏,更换新的氙灯。

任务5.3　荧光分析法的应用

荧光分析法的应用主要集中在两个方面:基于分子荧光光谱的定性分析和基于荧光强度的定量分析。

5.3.1　定性分析

荧光物质有激发光谱和荧光光谱两种特征光谱,对鉴定物质有更强的可靠性,可用于鉴定有机化合物。根据试样的图谱和峰对应的波长与标准物质进行比较,判断是否为同一物质。对于复杂混合物中的同分异构体,室温荧光光谱的波带太宽,难以鉴别,可冷却至77 K(-196 ℃),获得高分辨的荧光光谱,检测复杂混合物中的个别分子。近年来,还采用同步扫描荧光法及1~4级的导数荧光光谱鉴别多组分荧光物质。

利用荧光分析法定性分析时,一般需要已知的纯标准物质。

5.3.2　定量分析

1)定量分析的依据

当一束强度为I_0的激发光照射样品溶液时,有一部分光被透过(I),样品吸收一定的光产生强度为F的荧光,则荧光强度F与被荧光物质吸收的光强度成正比,即

$$F = K'(I_0 - I) \tag{5.1}$$

对于很稀的溶液,由朗伯-比尔定律可推导出荧光强度与浓度的关系服从下式:

$$F=2.3K'I_0\varepsilon cl \tag{5.2}$$

当激发光的强度 I_0 及样品池厚度 l 一定,且 $\varepsilon cl \leqslant 0.05$ 时,式(5.2)可写为

$$F=kc \tag{5.3}$$

式(5.3)是荧光法进行定量分析的依据。应注意的是,当溶液浓度较高,$\varepsilon cl>0.05$ 时,荧光强度和浓度不再呈线性关系。由前面理论可知,浓度高时,会出现自吸现象,荧光强度和浓度不能成正比。因而用荧光法定量时应注意浓度的控制。

2)定量分析方法

(1)标准曲线法

配制一系列不同浓度的标准溶液,以合适的溶液做空白,测定荧光强度,绘制荧光强度对浓度的标准曲线,用相同的方法测定试样的荧光强度(扣除空白溶液),从曲线中求出供试样的浓度。本法适用于大批量样品的测定,是荧光法常用的方法。

(2)标准对照法

如果试样数量不多,可采用标准对照法。配制与供试样浓度接近的标准溶液,分别在相同条件下测定标准溶液和供试品溶液的荧光强度,根据公式(5.3)可得

$$\begin{cases} F_s = kc_s & ① \\ F_x = kc_x & ② \end{cases}$$

式①比式②,得

$$\frac{c_s}{c_x}=\frac{F_s}{F_x} \Longrightarrow c_x=\frac{F_x \cdot c_s}{F_s}$$

如空白溶液有荧光应扣除空白,根据下式计算供试液的浓度:

$$\frac{c_x}{c_s}=\frac{F_x-F_0}{F_s-F_0} \Longrightarrow c_x=\frac{F_x-F_0}{F_s-F_0}\cdot c_s$$

式中 c_s——标准溶液浓度;

c_x——供试品溶液浓度;

F_s——标准溶液荧光强度;

F_x——供试品溶液荧光强度;

F_0——空白溶液荧光强度。

【技能实训】

实训 5.1 荧光法测定药片维生素 B_2 的含量

【实训目的】

(1)学习荧光分析法测定维生素 B_2 含量的原理。

(2)掌握荧光光度计的操作技术和测定维生素 B_2 的含量的方法。

【实验原理】

维生素 B_2(核黄素),简写为 VB_2,其结构为

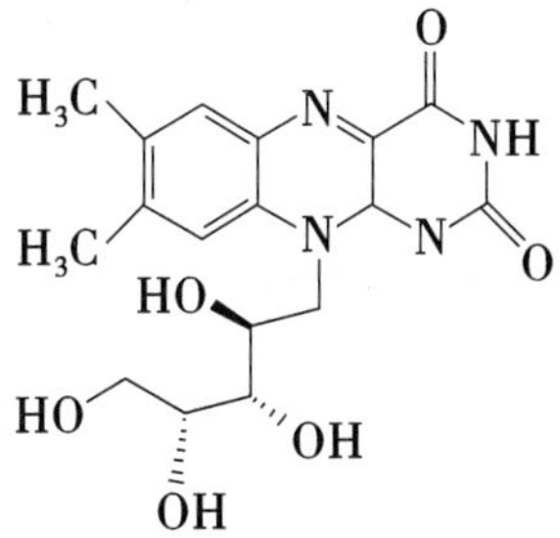

维生素 B_2易溶于水而不溶于乙醚等有机溶剂,在中性或酸性溶液中稳定,光照易分解,对热稳定。

维生素 B_2溶液在 430～480 nm 光的照射下,发出绿色荧光,其峰值波长为 525 nm。其荧光在 pH = 6～7 时最强,在 pH = 11 时消失,在碱性溶液中经光线照射会发生分解转化为光黄素,光黄素的荧光比维生素 B_2的荧光强得多,故测维生素 B_2的荧光时溶液要控制在酸性范围内,且在避光条件下进行。

在稀溶液中,当实验条件一定时,荧光强度与荧光物质的浓度呈线性关系,即

$$F = Kc$$

【仪器与试剂】

(1)仪器:荧光分光光度计,移液管,容量瓶,棕色试剂瓶,烧杯,比色管,离心机,离心管。

(2)药品:核黄素(生化试剂),冰醋酸(AR),盐酸(AR),氢氧化钠,市售维生素 B_2 片剂。

【实验步骤】

1)试剂的配制

(1)5% 醋酸溶液:取 5 份冰醋酸与 95 份体积蒸馏水混合。

(2)维生素 B_2 储备液:准确称取 10.0 mg 维生素 B_2,将其溶解于少量的 5% HAc 中,转移至 1 L 容量瓶中,用 5% HAc 稀释至刻度,摇匀。将该溶液装于棕色试剂瓶中,置阴凉处保存。(10.0 mg/L)

(3)待测液:取市售维生素 B_2 一片(称量),置于 50 mL 烧杯中,加入约 12 mL 5% HAc 溶液,用玻璃棒捣碎药片,水浴加热使样品由混浊变为基本透明后取下冷却,转移并加入 5% HAc 溶液定容至 100 mL。取数毫升于离心管中进行离心。离心液即为待测液。

2)激发光谱和荧光发射光谱的绘制

准确移取维生素 B_2储备液 2 mL 于 10 mL 比色管中,用 5% HAc 溶液定容。转移部分溶液至石英比色皿中,设置 λ_{em} = 540 nm 为发射波长,在 250～500 nm 扫描,记录荧光发射强度和激发波长的关系曲线,便得到激发光谱。从激发光谱图上找出其最大激发波长 λ_{ex}。在此激发波长下,在 400～600 nm 扫描,记录发射强度与发射波长间的函数关系,便得到荧光发射光谱。从荧光发射光谱上找出其最大荧光发射波长 λ_{em}。

3)标准曲线的绘制

取 5 个干净的 50 mL 容量瓶,分别加入 1,2,3,4 和 5 mL 的维生素 B_2 储备液,用 5% HAc

溶液定容至刻度,摇匀。

将激发波长固定在最大激发波长 λ_{ex},荧光发射波长固定在最大荧光发射波长处 λ_{em}。由从稀到浓测量系列标准溶液的荧光强度并记录数据。以标准溶液浓度为横坐标,荧光发射强度为纵坐标,制作标准曲线。

4)供试品溶液荧光强度测定

取待测液 2 mL 置于 50 mL 容量瓶中,用5% HAc 溶液稀释至刻度,摇匀。在与标准溶液相同的测定条件下测定其荧光强度。

【数据处理】

将供试品溶液的荧光强度带入标准曲线,求出其浓度。根据此浓度,计算供试药片中维生素 B_2 的含量。

【注意事项】

维生素 B_2 水溶液遇光易变质,标准溶液应新鲜配制。

实训 5.2　荧光法测定阿司匹林药片中乙酰水杨酸和水杨酸的含量

【实训目的】

(1)学习荧光法测定阿司匹林片中乙酰水杨酸和水杨酸含量的原理。

(2)掌握荧光光度计的操作方法和测定阿司匹林片中乙酰水杨酸和水杨酸含量的方法。

【实验原理】

阿司匹林又称乙酰水杨酸。乙酰水杨酸可水解生成水杨酸,在阿司匹林片中,或多或少存在着水杨酸。用氯仿为溶剂,用荧光法可分别测定二者的激发光谱和荧光光谱,加少量冰醋酸可增强二者的荧光强度。

$$C_6H_4(COOH)-O-\overset{O}{\overset{\|}{C}}-CH_3 \longrightarrow C_6H_4(COOH)(OH) + H_3C-\overset{O}{\overset{\|}{C}}-OH$$

乙酰水杨酸　　　　水杨酸

【仪器与试剂】

(1)仪器:荧光分光光度计,1 000 mL 容量瓶 2 只,100 mL 容量瓶 8 只,50 mL 容量瓶 10 只,10 mL 移液管 8 只。

(2)试剂:乙酰水杨酸,水杨酸,醋酸(AR),氯仿(AR),市售阿司匹林药片。

【操作步骤】

1）乙酰水杨酸和水杨酸标准储备液的配制

乙酰水杨酸标准储备液：称取乙酰水杨酸0.400 0 g，置于1 000 mL容量瓶中，用1%的醋酸－氯仿溶液溶解并定容。

水杨酸标准储备液：称取水杨酸0.750 0 g，置于1 000 mL容量瓶中，用1%的醋酸－氯仿溶液溶解并定容。

2）扫描乙酰水杨酸和水杨酸的激发光谱及荧光光谱

分别吸取乙酰水杨酸和水杨酸标准储备液10 mL置于两个100 mL容量瓶中，用1%的醋酸－氯仿溶液定容，摇匀。再分别移取乙酰水杨酸和水杨酸标准储备液的稀释液10 mL置于两个100 mL容量瓶中，用1%的醋酸－氯仿溶液定容，摇匀。

用稀释后的乙酰水杨酸和水杨酸标准液，用荧光分光光度计分别绘制二者的激发光谱和荧光光谱，并找出二者的最大激发波长和最大荧光波长。

3）标准曲线的绘制

乙酰水杨酸标准曲线：分别吸取2,4,6,8,10 mL乙酰水杨酸标准溶液（4.00 μg/mL），置于5个干净的50 mL容量瓶中，用1%的醋酸－氯仿溶液定容，摇匀。用荧光分光光度计，按由稀到浓的顺序分别测定荧光强度。

水杨酸标准曲线：分别吸取2,4,6,8,10 mL乙酰水杨酸标准溶液（7.50 μg/mL），置于5个干净的50 mL容量瓶中，用1%的醋酸－氯仿溶液定容，摇匀。用荧光分光光度计，按由稀到浓的顺序分别测定荧光强度。

4）供试品中乙酰水杨酸和水杨酸的含量测定

（1）供试品溶液制备：取5片阿司匹林药片，称定质量，研成粉末。精密称取阿司匹林粉末400.0 mg，用1%的醋酸－氯仿溶液溶解，并转移定容至1 000 mL容量瓶中，摇匀，用定量滤纸过滤。

（2）水杨酸含量的测定：取上述滤液，用与水杨酸标准曲线同样的荧光测定条件测定荧光强度。

（3）乙酰水杨酸含量的测定：取上述供试品滤液，稀释1 000倍（每次稀释10倍，共稀释3次），取供试品稀释液，用与乙酰水杨酸标准曲线同样的荧光测定条件测定荧光强度。

【数据处理】

（1）从绘制的乙酰水杨酸和水杨酸的激发光谱和荧光光谱上，找出二者的最大激发波长及最大荧光波长。

（2）根据乙酰水杨酸和水杨酸的标准系列溶液的荧光强度，分别绘制乙酰水杨酸和水杨酸的标准曲线。

（3）将阿司匹林药片供试液中水杨酸和乙酰水杨酸的荧光强度分别带入上述标准曲线，求出供试液中乙酰水杨酸和水杨酸的浓度，并根据配制过程中稀释倍数计算出阿司匹林片中的含量。并与阿司匹林药品说明书中的含量比较。

【注意事项】

阿司匹林药片溶解后，1 h内应完成测试，否则乙酰水杨酸的含量将降低。

【思考题】

根据乙酰水杨酸和水杨酸的激发光谱和荧光光谱说明该法的可行性。

复习思考题

一、填空题

1. 激发单重态和激发三重态的区别在于____________的不同，以及激发三重态的能级稍低一些。

2. 荧光和磷光的根本区别是：荧光是电子由____________到____________跃迁产生的，而磷光则是电子由____________到____________跃迁产生的。

3. 任何发射荧光的物质都有两个光谱：____________和____________。

4. 通常物质发射的荧光强度随着溶液温度的降低而____________，随溶液黏度的增加而____________。

5. 荧光分析常用的定量分析方法有____________和____________。

二、选择题

1. 下列叙述中是荧光的是(　　)。

A. 价电子跃迁至激发态所吸收的辐射

B. 电子从第一电子激发态单重态(S_1)最低振动能级跃迁至基态(S_0)的任一振动能级所发射的辐射

C. 电子从第一电子激发态三重态(T_1)最低振动能级跃迁至基态(S_0)的任一振动能级所发射的辐射

D. 电子跃迁至T_1态后，因相互碰撞或通过激活作用，重新回到S_1态，经振动弛豫到达S_1态的最低振动能级，再跃迁回基态所发射的辐射

2. 相同条件下，下列化合物具有较大的荧光强度的是(　　)。

A. 　　B. 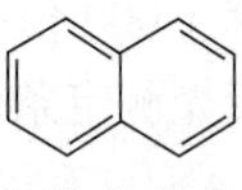　　C. 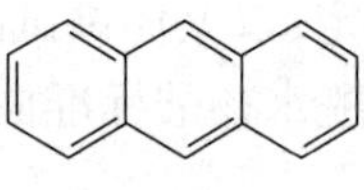　　D.

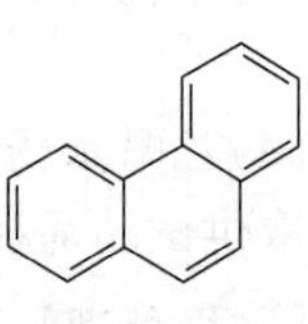

3. 下列化合物荧光强度最大的是(　　)。

A. 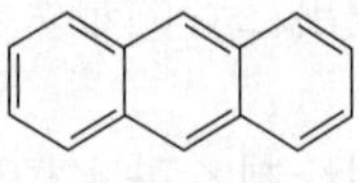　　B. 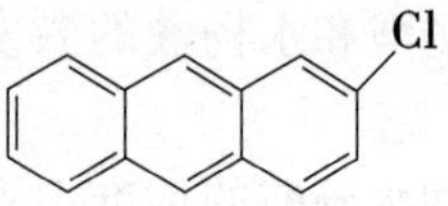 Cl

C. 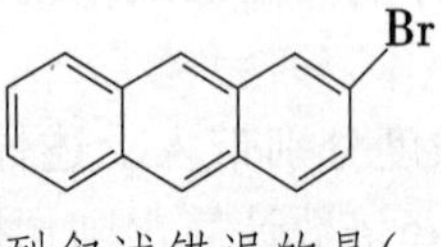 Br　　D. 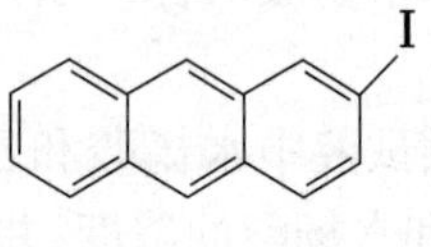 I

4. 下列叙述错误的是(　　)。

A. 同一化合物其荧光波长总比其激发光波长短

B. 同一化合物其磷光波长总比其荧光波长长

C. 同一化合物其磷光波长总比其激发光波长长

D. 同一化合物其荧光光谱与其激发光光谱大体呈镜像关系

5. 下列叙述正确的是(　　)。

A. 在其他条件相同时,待测样品溶液温度越高,其荧光强度越大

B. 在其他条件相同时,待测样品溶液浓度越高,其荧光强度一定越大

C. 在其他条件相同时,待测样品溶液的溶剂极性越大其荧光强度越小

D. 待测样品溶液浓度越高,温度越高,越容易发生碰撞,从而降低其荧光强度

6. 荧光分析法是通过测定(　　)而达到对物质的定性或定量分析的。

A. 激发光　　B. 磷光　　C. 发射光　　D. 散射光

三、计算题

1. 用荧光法测定某片剂中维生素 B_1 的含量(每片应含维生素 B_1 34.8 ~46.4 μg),取供试品 10 片,研细,用少量一定浓度盐酸溶液溶解后,稀释至 1 000 mL,过滤,取续滤液 5 mL,稀释至 10 mL,在激发波长 365 nm,荧光波长 435 nm 条件下测荧光强度,其读数为 60。如果 0.2 μg/mL的维生素 B_1 对照品的盐酸溶液,在该条件下测得的读数为 56。则该批药片是否合格?

2. 用荧光法测某荧光物质的含量,在一定条件下测得该物质的标准溶液的相对荧光强度见表 5.2。在相同条件下测得待测样品溶液相对荧光强度为 42.3,试求样品溶液中该物质的浓度。

表 5.2　标准溶液的相对荧光强度

标准溶液 10^{-8}/(mol · mL^{-1})	1.00	2.00	3.00	4.00	5.00	6.00
相对荧光强度 I_f	13.0	24.6	37.9	49.0	59.7	71.2

四、简答题

1. 荧光光谱的形状取决于什么因素? 为什么与激发光波长无关?

2. 影响荧光强度的因素有哪些?

3. 简述分子荧光光度计的基本结构,各结构分别有什么作用?

4. 为什么分子荧光光度计中检测器要垂直于激发光传播方向?

项目6　原子吸收光谱分析技术

【知识目标】

掌握原子吸收光谱法的基本原理和原子吸收分光光度计的基本构成；熟悉原子吸收光谱法工作条件的选择和原定量分析方法；了解原子吸收光谱法在药物分析与检测中的应用。

【技能目标】

能进行标准溶液的配制和样品处理；会进行原子吸收光谱仪的正确操作与简单维护。

【项目简介】

原子吸收光谱法(AAS)，又称原子分光光度法，是基于待测元素的气态基态原子对电磁辐射的吸收而建立的分析技术。

原子吸收分光光度法具有以下优点，灵敏度高，检测限低。火焰原子化法能检测到 μg/L 级，非火焰原子化法达 ng/L 级。选择性好。光源发出的是待测元素的特征辐射，故选择性好，干扰少易消除，多数试样可不分离而直接测定。准确度高。火焰原子化法测定结果的相对误差在1% 以内，非火焰原子化法在3% ~5%。应用范围广。可测元素有70 多种，几乎包含所有金属元素和部分类金属元素，如 As,Se,Sb 等。操作简便、分析速度快、易于自动化。

【工作任务】

任务6.1　基本原理

6.1.1　原子吸收光谱的产生

原子的核外电子层具有多种能级状态，最外层电子在正常情况下处于能量最低最稳定的状态，此时原子也处于最低能态(E_0)，称为基态原子。基态原子的外层电子获得相应的能量后，可跃迁到能量较高能级(E_j)，处在较高能级状态下的原子称为激发态原子。高能级和低能级的能量差为原子的电子能级差(ΔE)，当能量刚好等于 ΔE 的电磁辐射通过基态原子的蒸气时，基态原子便吸收该电磁辐射，从基态跃迁至激发态，产生了原子吸收光谱。

原子吸收光谱仅是原子外层电子能级的跃迁产生的，所以其光谱为线状光谱。原子吸收光谱一般位于紫外－可见光区。

6.1.2 共振线与特征谱线

在原子吸收跃迁的过程中，电子从基态(E_0)跃迁至第一激发态(E_1)所产生的吸收线称为元素的共振吸收线，简称共振线。

不同元素原子的结构和外层电子排布各不相同，因而各种元素的共振线也不相同，具有其特征性，又称为特征谱线。

因原子中电子由基态跃迁至第一激发态所需能量最低，跃迁最易发生，故多数元素对第一共振线的吸收最强，是元素最灵敏的谱线。若没有其他谱线干扰，通常在原子吸收分析时选用该谱线为分析线。

6.1.3 吸光度与原子浓度的关系

1）原子吸收法的分析过程

要研究原子对光吸收，首先要使物质的分子在高温环境中吸收能量解离成气态原子，才能测定原子蒸气中基态原子对其特征谱线的吸收情况。下面以钙元素含量测定为例介绍原子吸收法分析过程，如图6.1所示。

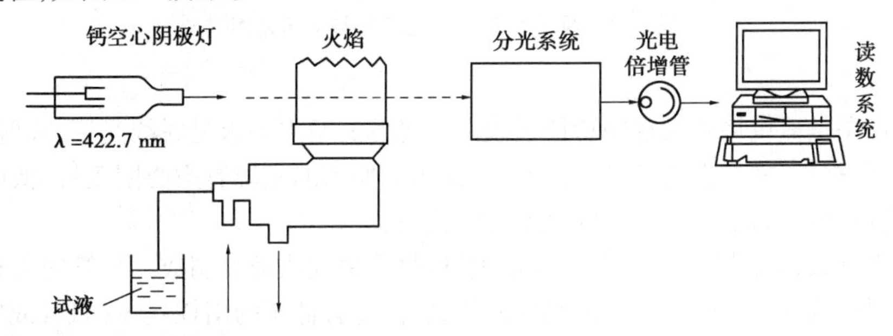

图6.1 钙原子吸收分析过程

将氯化钙试液喷射成雾状进入燃烧火焰中，氯化钙雾滴在火焰中挥发并离解成钙原子蒸气，钙空心阴极灯发射出一定强度的钙的特征谱线(422.7 nm)通过一定厚度的含钙原蒸气的火焰，其中一部分特征谱线被蒸气中的基态钙原子吸收，未被吸收特征谱线经单色器照射到光电检测器上，根据被检测到的特征潜线强度可知其被吸收的程度，可分析出试样中钙的含量。

2）吸光度与原子浓度的关系

基态原子蒸气对光的吸收遵循光的吸收定律。1955年，澳大利亚科学家瓦尔西(Walsh)从理论上证明，在温度不太高的稳定火焰条件下，待测元素的原子在特征谱线处的吸收系数与单位体积原子蒸气中的处于基态原子数目 N_0 成正比。在温度为2 000 ~3 000 K的条件下，原子蒸气中有少量的原子被激发，但处于激发态的原子很少，激发态原子数目与基态原子数目之比小于1‰，可以忽略不计，蒸气中基态原子总数 N_0 可以近似认为等于原子总数 N，即 $N_0 \approx$

N,所以待测元素的原子在特征谱线处的吸收系数与单位体积原子蒸气中的原子总数 N 成正比。又因在一定条件下,单位体积原子蒸气中的原子总数与被测样品中待测元素的浓度成正比,由此可推出试样中待测元素的浓度与其在特征谱线处的吸光度成正比,即

$$A = Kc \tag{6.1}$$

式(6.1)是原子吸收光谱分析的定量基础。在实际分析中,测出元素在其特征谱线处的吸光度,即可求出待测元素的浓度。

任务6.2　原子吸收分光光度计

6.2.1　基本构造

原子吸收分光光度计又称原子吸收光谱仪,主要由光源、原子化器、单色器、检测系统、读出装置五大基本部件组成,如图6.2所示。

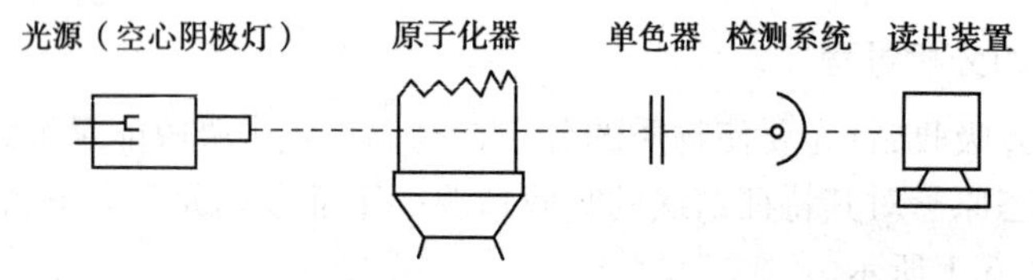

图6.2　原子吸收分光光度计组成示意图

1)光源

光源的作用是提供待测元素的特征谱线。对光源的基本要求是锐线光源、辐射强度大、稳定性好、背景干扰小,操作方便、使用寿命长。能满足要求的光源有空心阴极灯、低压蒸气放电灯、高频无极放电灯,目前应用最广的是空心阴极灯。

空心阴极灯又称元素灯,是一种气体放电管,灯管由硬质玻璃制成。灯管内装有一个由待测元素纯金属制成的空心阴极和一个钨棒阳极,管内充有低压的惰性气体(氖气或氩气)。灯管前有一窗片,紫外光区用石英片,可见光区用石英片或玻璃片,结构如图6.3所示。

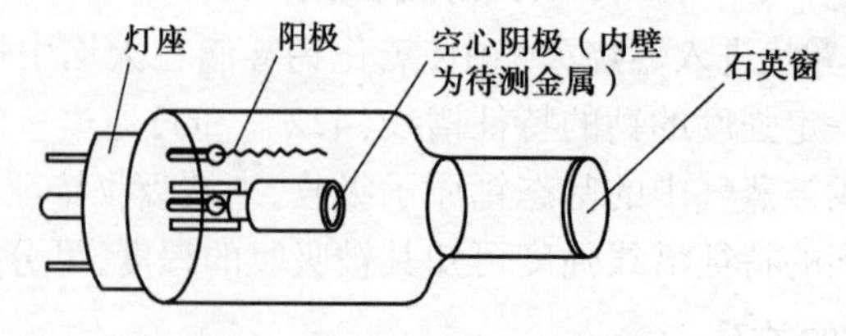

图6.3　空心阴极灯结构示意图

在一定工作条件下,阴极纯金属表面原子产生溅射和激发,发射出待测元素的特征谱线。用不同待测元素的金属作阴极材料,可制成相应元素的空心阴极灯。用空心阴极灯作光源的缺点是,每测一种元素,要更换相应的元素灯。

2)原子化器

原子化器的作用是提供能量，使试样干燥、蒸发并转化为能吸收特征谱线的气态基态原子。其性能直接影响分析结果，原子化效率越高，分析的灵敏度越高。对原子化系统的基本要求：原子化效率要高，稳定性要好，灵敏度高，噪声低，安全、耐用，操作方便。原子化器分为火焰原子化器、非火焰原子化器两大类。

(1)火焰原子化器

火焰原子化器是通过燃气的燃烧火焰提供能量，使待测元素原子化的装置。火焰原子化器的优点是结构简单，操作方便，重现性好，基体效应小，应用较广泛。缺点是雾化效率低，原子化效率低。目前普通使用的是预混合型火焰原子化器，其结构分为3部分：雾化器、预混合室及燃烧器，如图6.4所示。

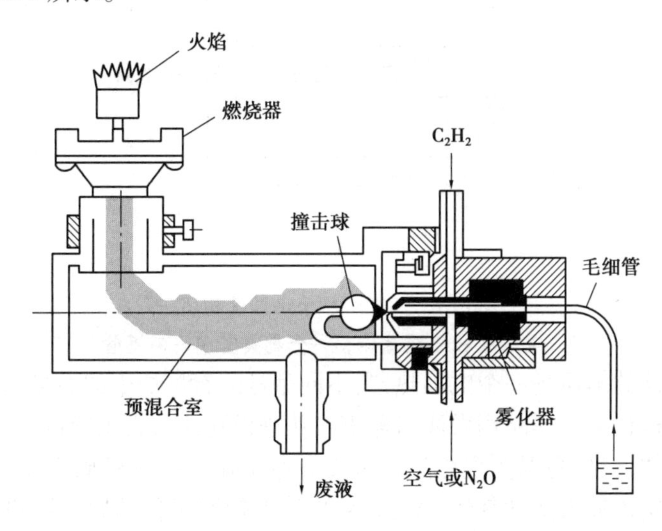

图6.4　预混合型火焰原子化器示意图

雾化器的作用是将样品溶液雾化。雾滴越小，火焰中生成的基态原子就越多，雾化器能喷出直径为微米级的气溶胶。预混合室的作用是使气溶胶更小、更均匀，并与燃气、助燃气泄合均匀进入燃烧器。预混室内有扰流器，对较大液滴有阻挡作用，使其沿室壁流入废液管排出，还有助于气体混合均匀、火焰稳定、降低噪声。燃烧器的作用是产生火焰，使进入火焰的样品气溶胶蒸发、脱溶剂、灰化和原子化。

不同的燃气与助燃气，其燃烧火焰温度各不相同，同种类型的火焰，由于助燃比的不同，火焰温度也不同，在实际应用时，应通过实验确定合适的助燃比。按照燃气和助燃气的比例，可将火焰分为化学计量火焰、富燃火焰和贫燃火焰。

①化学计量火焰，是指燃气和助燃气流量之比与燃烧反应化学计量关系相等的火焰，又称中性火焰。这类火焰燃烧完全，温度高、稳定、干扰少、背景低，适合于许多元素的测定。

②富燃火焰，是指燃气与助燃气流量之比大于燃烧反应化学计量关系的火焰。温度低于化学计量火焰，具有还原性质，又称还原火焰。适合于易形成难离解氧化物的元素的测定。

③贫燃火焰，是指燃气和助燃气流量之比小于燃烧反应化学计量关系的火焰。火焰温度比较低，有较强的氧化性，有利于碱金属等易解离、易电离的元素的测定。

火焰原子化器结构简单，操作方便，应用较广；火焰稳定，重现性及精密度较好；基体效应及记忆效应较小。但雾化效率低(一般低于30%),灵敏度低,检测限高。

火焰原子化器的优点是结构简单,操作方便,重现性好,应用比较广泛。缺点是雾化效率低,原子化效率低。

(2)非火焰原子化器

非火焰原子化器的种类较多,常用的有石墨炉原子化器和化学原子化器。这里主要介绍石墨炉原子化器。石墨炉原子化器由加热电源、保护气系统、石墨管炉3部分组成,其结构如图6.5所示。

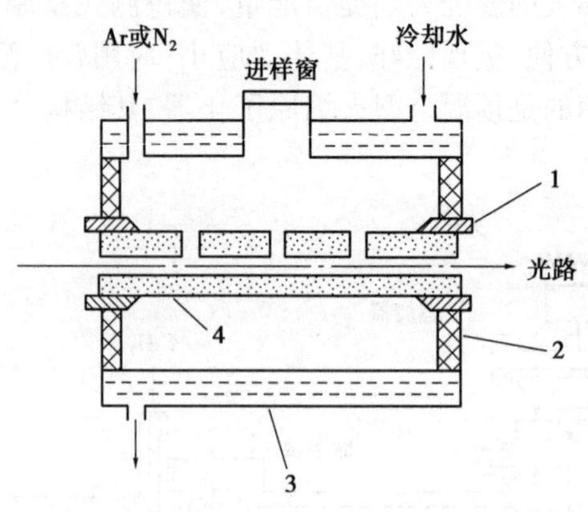

图6.5　石墨炉原子化器结构图

1—电极头;2—绝缘体;3—金属夹套;4—石墨管

石墨炉原子化器的本质是一个电加热器,不同型号的石墨炉中的石墨管粗细长短不同,石墨管的两端用铜电极包夹。样品用微注射器直接从进样孔注入石墨管内,通过铜电极供电,石墨管作为电阻发热体,产生高温实现样品的蒸发和原子化。铜电极周围用水箱冷却。盖上盖极,构成保护气室,室内通入惰性气体(Ar或N_2),以保护原子化的原子不再被氧化,同时也延长了石墨管的使用寿命。

使用石墨炉测定样品时需要经过“干燥—灰化—原子化—高温除残”4个升温过程。

①干燥:目的是除去试样的溶剂。温度稍高于溶剂的沸点,干燥时间视进样量的不同而定,一般每微升试液约需1.5 s。

②灰化:目的是不损失待测元素的前提下尽可能除去样品中的共存物质。灰化的温度及时间一般要通过实验选择,通常温度为100~1 800 ℃,时间为0.5~1 min。

③原子化:使试样中待测元素解离为基态原子。原子化的温度及时间取决于被测元素的性质,应通过实验选择。一般温度可达2 500~3 000 ℃,时间为3~10 s。在原子化过程中,停止保护气Ar气通过,延长原子在石墨炉管中的平均停留时间。

④高温除残:也称净化。目的是消除石墨管中的残留物。在一个样品测定结束后,将温度升高至一定温度,保持一段时间,以除去石墨管中的残留物。除残温度一般高于原子化温度约10%(一般为2 500~3 000 ℃),除残时间一般为3~5 s。

石墨炉原子化法的优点是原子化效率高,取样量少且不受样品形态限制;样品不需前处理。缺点是重现性较差,有背景干扰大,设备较复杂,价格较贵,操作不够简便。

3)单色器

单色器的作用是将光源发射的待测元素的共振线与其他邻近的非吸收谱线分开。由入射和出射狭缝、反射镜及色散元件组成。色散元件一般用光栅。原子分光光度计的单色器置于原子化器与检测器之间,以防止原子化器内发射的干扰辐射进入检测器,同时也可避免光电倍增管疲劳。

4)检测系统与数据显示系统

检测与显示系统的作用是将单色器透过的光信号转变成电信号并进行放大,由读数装置或由记录仪显示出来。它由检测器、放大器、对数转换器和读数装置组成。

检测器是将通过单色器的共振光转换成电信号。检测波长范围一般为 190 ~ 900 nm。由光电倍增管和负高压电源组成。放大器的作用是将由检测器输出的电信号放大,再经对数转换提供给数据显示装置。在数据显示装置里,信号可以转换成吸光度或透光率,也可转换成浓度显示。

现代化仪器设有计算机工作站,通过程序控制,可完成自动点火、调零、校准、增益、取样、数据处理等操作,自动化程度很高。

知识链接

2004 年 4 月,德国耶拿分析仪器股份公司生产出了连续光源原子吸收光谱仪 contrAA。该仪器的特点如下:

①用特制高聚焦短弧氙灯作连续光源,灯内充高压氙气,在高频高压激发下产生高聚焦弧光放电,辐射出 189 ~ 900 nm 波长范围内的强连续辐射,可选择任一条谱线进行分析,一支灯即可满足多种元素的测定。可用于锐线光源无法的谱线进行分析,可多元素顺序快速分析。

②用石英棱镜和高分辨率大面积中阶梯光栅组成双单色器,分辨率达 0.002 nm,解决了连续光源的单色性,使原子吸收谱线的干扰减少。

③采用高灵敏度 CCD 线阵检测器(512 点阵),512 个感光点同时检测 1 ~ 2 nm 波段的全部精细光谱信息,同时测定特征吸收和背景信号,得到时间—波长—信号的三维信息,并将所有背景信号同时扣除,实现实时背景校正。

④仪器无须预热,光源在开机启动后即能达到最大光输出。

6.2.2 仪器维护

1)日常维护

(1)每次分析结束应当做好以下工作

放干净空压机贮气罐内的冷凝水,检查燃气是否关好;用水彻底冲洗排废系统;做完高含量样品,应取下燃烧头用自来水冲洗净并用滤纸将缝口积炭仔细擦净,晾干,同时用纯水继续喷雾几分钟清洗雾化器;用棉球清除灯窗和样品盘上的液滴水渍;使用石墨炉系统时,要注意检查自动进样针位置是否准确,原子化温度一般不超过 2 650 ℃,尽可能驱尽试液中的强酸和强氧化剂,延长石墨管的寿命。

(2)每月做1次以下维护

检查撞击球是否有缺损、位置是否正常,应及时调整;检查毛细管是否有堵塞,若堵塞用软金属丝按说明书要求进行疏通;检查燃烧器混合器内是否有沉积物,若有沉积物用清洗液或超声波清洗;检查贮气罐有无变化,有变化时检查泄漏,检查阀门控制,每次气瓶换气后或重新联结气路后都应按要求检漏;时常进行整个仪器室的卫生除尘。

最好每年请厂家维修工程师进行一次维护性检查。

(3)更换石墨管时的维护

当新放入一只石墨管时,特别是管子结构损坏更换新管时,应用清洁器或清洁液(20 mL氨水+20 mL丙酮+100 mL去离子水)清洗石墨锥的内表面和石墨炉炉腔,除去沉积的碳化物;新的石墨管安放好后,应进行热处理(空烧),重复3~4次。

2)紧急情况处理方法

①仪器工作时,遇到突然停电,如果用火焰原子化时,应迅速关闭燃气;若用石墨炉原子化时,则迅速切断主机电源。然后将仪器各部分的控制机构恢复到停机状态,待通电后,再按仪器的操作程序重新开启。

②石墨炉分析时,如遇到突然停水,应迅速切断主电源,以免烧坏石墨炉。

③操作时,如嗅到乙炔或石油气的气味,这是由于燃气管道或气路系统某个连接头漏气,应立即关闭燃气进行检测,待查出漏气部位并密封好后再继续使用。

④显示仪表(表头、数字表或记录仪)突然波动,多由于电子线路中个别元件损坏,某处导线短路或断路,高压控制失灵等造成,电源电压变动太大或稳压器故障也会引起仪表波动。此时,应立即关闭仪器,查明原因,排除故障后再开启。

⑤如工作中万一发生回火,应立即关闭燃气,防止发生爆炸,然后再将仪器开关、调节装置恢复到停机状态,待查明回火原因并采取措施后再继续使用。造成回火的主要原因是气流速度小于燃烧速度。造成这种情况的原因:突然停电或助燃气体压缩机故障,使助燃气压力降低;废液排出口没水封好;燃烧器的缝增宽;助燃气和燃气的比例失调;防爆膜破损;用空气瓶时,瓶中氧气含量过量;使用乙炔-氧化亚氮火焰时,乙炔流量过小。

任务6.3　定量分析方法

原子吸收法的定量分析方法有多种,其中,标准曲线法和标准加入法最常用。

6.3.1　标准曲线法

根据试样中待测元素的浓度,配制一系列浓度合适的标准溶液(样品中待测元素的浓度应在这一系列标准溶液的浓度范围内),选择合适的空白溶液作参比,按浓度由低到高依次测量吸光度,绘制出吸光度A-浓度c的标准曲线,或建立标准曲线的直线回归方程。在相同条件下测定样品溶液的吸光度值,从标准曲线上查出样品溶液中待测元素的浓度,或根据线性回归方程进行计算。

【例 6.1】 用原子吸收分光光度法测定某供试液中镁的含量,285.2 nm 波长下测得一系列不同浓度镁标准溶液的吸光度数据见表 6.1。取该供试液稀释 10 倍,在相同条件下,测得吸光度为 0.212,试求供试液中镁的含量。

表 6.1 不同浓度镁标准溶液的吸光度

镁标准溶液 $c/(\mu g \cdot mL^{-1})$	0.00	0.20	0.40	0.60	0.80	1.00
A	0.000	0.077	0.160	0.237	0.318	0.393

解 用 Excel 软件作出镁标准溶液的标准曲线图,如图 6.6 所示。并计算出回归方程:$y = 0.3950\ x + 0.0000$

将稀释供试液的吸光度 0.212 带入公式:$0.212 = 0.3950\ x + 0.0000$

计算出镁的浓度:0.537 μg/mL

该供试液的浓度为:0.537 μg/mL × 10 = 5.37 μg/mL

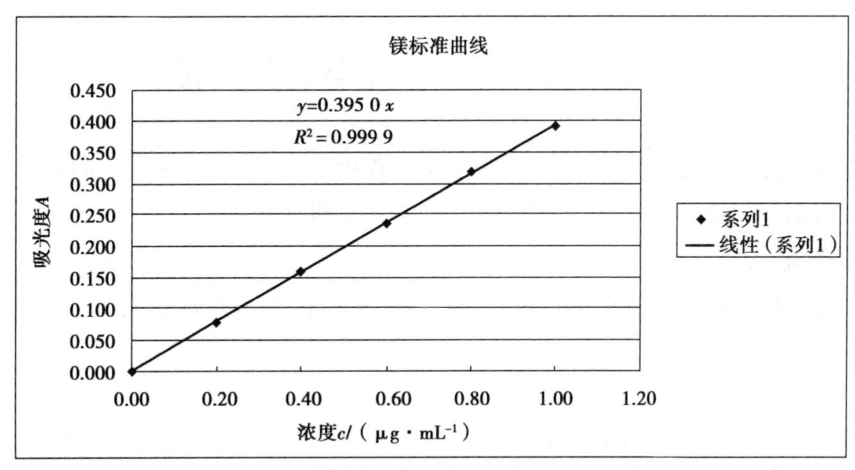

图 6.6 镁标准曲线图

标准曲线法为最常用的分析方法,其优点是简便快速,适合于大批量组成简单样品的分析。而对于基体组成复杂的样品则不适用。

6.3.2 标准加入法

当试样的组成复杂,基体干扰较大,待测元素含量较低时,可采用标准加入法以消除基体干扰。标准加入法的特点是可以消除基体效应的干扰,但不能消除背景的干扰。

取几份(至少 4 份)体积相同的待测试液,除其中一份外,其余各份分别加入浓度为 $1c_0$,$2c_0$,$3c_0$ 的标准溶液(c_0 为标准溶液浓度),4 份稀释至相同体积。分别测其吸光度。以吸光度 A 对加入标准物的浓度作图,可得一直线(图 6.7),若直线不过原点,说明试样中含有被测元素。将直线反向,其延长线与横坐标轴相交,其相交点所对应的浓度(c_x)即为样品溶液中待测元素的含量。

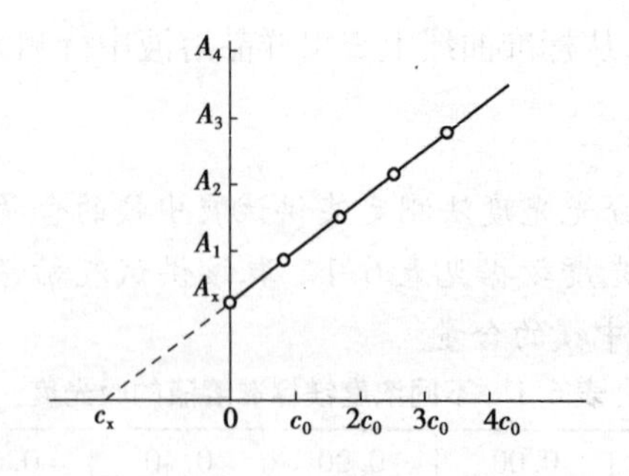

图 6.7　标准加入法

使用标准加入法时,要注意待测元素的浓度应在通过原点的校准曲线的线性范围内,所加入标准溶液的量要适中,尽量使 c_0 与 c_x 接近,以减小误差;作图法至少要用 4 个点(包括不加标准溶液的一份),标准加入法应进行试剂空白的扣除,而且须用试剂空白的标准加入法进行扣除。标准加入法只能消除基体干扰,不能消除化学干扰、电离干扰和背景吸收等,也不适用于测量灵敏度低的元素。

任务 6.4　吸收干扰与消除方法

原子吸收光线的谱线虽然很少,但在原子化过程中,影响原子吸光度的因素依然存在,其干扰主要来自谱线干扰、电离干扰、化学干扰、基体干扰和背景干扰。

1)谱线干扰

谱线干扰是指其他原子谱线对分析线的干扰,常见的有分析线谱带过宽和吸收线重叠两种。

(1)分析线谱带过宽

在所选的分析线谱带内,除了被测元素所吸收的谱线外,还有其他一些不被待测元素吸收的谱线,它们同时到达检测器,造成吸光度偏低,测定结果偏低。

(2)吸收线重叠

其他共存元素的吸收线与被测元素的吸收线相距很近,甚至重叠,以致同时对光源发射的谱线产生吸收,造成吸光度增大,导致测定结果偏高。

消除谱线干扰的方法是减小分析线谱带宽度和另选被测元素的其他吸收线或用化学方法分离干扰元素。

2)电离干扰

电离干扰是由于被测元素在原子化过程中发生电离,使参与吸收的基态原子数量减小而造成吸光度下降。

消除电离干扰最有效的方法是在标准品和分析样品溶液中都加入过量的易电离元素。由于易电离的元素的电离能比被测元素的电离能更低,在相同的条件下更易电离,可提供大量的自由电子,抑制被测元素原子的电离。例如,用原子吸收法测定 K 元素含量时加入 4 mol/mL 的含 Cs 元素的溶液以抑制 K 元素的电离。

3)化学干扰

化学干扰是指在溶液或原子化过程中被测元素与其他共存元素之间发生化学反应而产生的干扰现象。被测元素在原子化过程中形成稳定的氧化物、碳化物或氯化物,使原子化效率变低,而造成测定灵敏度降低。

消除化学干扰常用的有效方法是加入释放剂、保护剂、缓冲剂等。

释放剂能与干扰组分形成更稳定或更难挥发的化合物,从而使被测元素从与干扰组分形成的化合物中释放出来。例如,磷酸根会与钙离子生成难解离化合物而干扰钙元素的测定,若加入释放剂 $LaCl_3$,则由于生成更难离解的 $LaPO_4$ 而将钙释放出来。

保护剂能与被测元素形成稳定的化合物,阻止其与干扰组分结合,且在原子化过程中易分解和原子化。例如,PO_4^{3-} 干扰钙的测定,当加入络合剂 EDTA 后,钙与 EDTA 生成稳定的螯合物,而消除 PO_4^{3-} 的干扰。

向试样中加入过量的干扰成分,使干扰趋于稳定状态,此含干扰成分的试剂称为缓冲剂。例如,测定钛时,铝有干扰,向试样中加入铝盐使铝的浓度达到 200 μg/mL 时,铝对钛的干扰就不再随溶液中铝含量的变化而改变,从而可以准确测定钛。但这种方法不是很理想,它会大大降低测定灵敏度。

也可用化学方法将被测元素与干扰元素分离。具体方法应视分析情况而定。

4)基体干扰

基体干扰也称物理干扰,是指样品在转移、蒸发和原子化过程中物理特性的变化引起的吸光度下降的现象。例如,溶剂蒸发的速度、取样管的长度、取样量的多少、基态原子在吸收区停留时间的长短等。基体干扰是非选择性干扰,对样品中各元素的影响基本相似。

配制与被测样品具有相似组成的标准样品是消除基体干扰最常用的方法;此外,标准加入法或加入基体改良剂也是行之有效的方法。

5)背景干扰

背景吸收是一种与原子化器有关的光谱干扰,分子吸收和光散射现象是形成光谱背景的主要因素。分子吸收是指在原子化条件下不解离的气态分子对光的吸收,其产生的带状光谱可在相应的波长范围内形成干扰;光的散射现象是指试样在原子化过程中产生的固体微粒在光路中能够阻挡光束,造成透过光的强度减弱,其效果相当于分子吸收,使吸收信号增大,分析结果偏高。

消除背景吸收干扰的方法有以下几种:

(1)空白校正法

配制一份与被测试液具有相同浓度基体元素的空白溶液,测定其吸光度,此值即为待测试液背景吸收产生的吸收信号。然后从测得的被测溶液的吸光度中减去空白溶液的背景吸收值,就可得到被测溶液的吸光度真实值。

(2)两谱线扣除法

在用分析线测量试样吸光度(原子吸收与背景吸收之和)的同时,测量此试样对邻近非吸收线的吸光度,此时不产生原子吸收,仅为背景吸收,所以扣除后即得原子吸收度的真实值。如测 Ag 时,于分析线 328.07 nm 处测得原子吸收和背景吸收的总和,再在邻近非吸收线 312.30 nm处测得背景吸收,两者的差值就是原子吸收的吸光度。

(3)连续光源(氘灯)背景校正法

利用旋转折光器交替使氘灯的连续光谱和锐线光源的共振线通过火焰,共振线通过火焰时产生的吸收包括了原子吸收和背景吸收,氘灯通过火焰时仅产生背景吸收。两次测定的吸光度相减即得原子吸收真实值。

(4)塞曼效应

背景校正法在原子化器上加一磁场,利用塞曼效应,吸收谱线分裂成具有不同偏振特性的光,再由谱线的磁特性和偏振特性来区别原子吸收与背景吸收。当平行偏振光通过时,得到原子吸收和背景吸收总和,垂直偏振光通过时只有背景吸收,两者之差即为原子吸收。此法校正波长范围宽(190~900 nm),准确度高。

【技能实训】

实训 6.1 火焰原子化法测定复方乳酸钠葡萄糖注射液中氯化钙含量

【实训目的】

(1)熟悉火焰原子吸收分光光度计的操作使用。

(2)掌握原子光谱法中标准曲线法测定药物制剂中金属元素含量的原理与方法。

【实验原理】

复方乳酸钠葡萄糖注射液为电解质、热能补充液。每 1 000 mL 该注射液中含乳酸钠 3.10 g、氯化钠 6.00 g、氯化钾 0.3 g、氯化钙($CaCl_2 \cdot H_2O$)0.2 g、无水葡萄糖 50.0 g、注射用水适量。因该药剂中含钙量极低,采用原子吸收光谱法的标准曲线法可准确测定钙元素的含量。分析线波长为 422.7 nm。

【仪器与试剂】

(1)仪器:TAS 原子吸收分光光度计,钙空心阴极灯,电子天平,移液管(1,2,10 mL),容量瓶(50,100 mL)。

(2)试剂:去离子水,乳酸钠,氯化钠,氯化钾,无水葡萄糖,氯化钙,氧化镧(AR),盐酸(AR),复方乳酸钠葡萄糖注射液。

【实验步骤】

1)标准溶液的配制

(1)基体溶液的配置。精密称取乳酸钠 0.31 g、氯化钠 0.60 g、氯化钾 0.03 g,无水葡萄糖 5.0 g,置 100 mL 量瓶中,用去离子水溶解并稀释至刻度,摇匀。

(2)钙对照品溶液的制备。取经 110 ℃干燥 2 h 的氯化对照品适量,精密称定,加去离子水溶解并定量稀释制成每 1 mL 中含钙 250 μg 的溶液,摇匀。

(3)镧溶液的制备。称取氧化镧 6.6 g,加盐酸 10 mL 使其溶解,加去离子水稀释至 100 mL,摇匀。

(4)标准溶液的制备。精密量取钙对照品溶液 1,2 与 3 mL,分别置 50 mL 量瓶中,各精密加入基体溶液 10 mL 与镧溶液 2 mL,用去离子水稀释至刻度,摇匀。

2)供试品溶液的制备

精密量取复方乳酸钠葡萄糖注射液 10 mL,置 50 mL 量瓶中,加镧溶液 2 mL,用去离子水稀释至刻度,摇匀。

3)样品测定

(1)标准曲线绘制。取上述系列钙标准溶液,按浓度由稀到浓照原子吸收分光光度法,按照选定测定条件,依次在 422.7 nm 的波长处测定吸光度。

(2)供试品溶液测定。取供试品溶液照相同条件测定吸光度。

【数据处理】

根据系列标准溶液的吸光度,绘制 *A-c* 标准曲线。根据试品溶液的吸光度从标准曲线上查出其相应的浓度,根据稀释倍数计算出供试药品中氯化钙的含量。

实训 6.2 石墨炉原子化法测定中药材板蓝根中铅的含量

【实训目的】

(1)熟悉石墨炉原子吸收分光光度计的使用方法,能用石墨炉原子吸收法测定溶液。

(2)会用干法灰化消解中药板蓝根供试品,会制备标准系列溶液和供试品测定液。

【实验原理】

中药材板蓝根具有清热解毒、凉血利咽的功能。在药品生产过程中易受铅污染,而铅在体内又易积蓄中毒,故铅是中药材中的有害金属之一。《中华人民共和国药典》(2015 版)规定,每千克药材中的重金属限量为:铅≤5.0 mg、镉≤0.3 mg、汞≤0.2 mg、砷≤2.0 mg、铜≤20.0 mg。

原子吸收分光光度法在药物分析中的应用,主要在于微量金属元素的测定。石墨炉原子化法对试样的利用率几乎达到 100%,灵敏度比火焰原子化法高,其灰化步骤相当于化学预分离和富集,因而在某些情况下具有抗干扰能力。样品用量少,仅 5 ~ 100 μL,还能直接分析固体样品。但由于取样量少,试样组成的不均匀性影响较大,所以精密度不如火焰法好,同时仪器昂贵,操作也较复杂。

本实验采用标准曲线法,经过干燥、灰化、原子化等过程对供试品中的微量铅进行定量分析。

【试剂与仪器】

(1)试剂:

①HNO_3(优级纯),1%磷酸二氢铵溶液,0.2%硝酸镁溶液,2%、10%硝酸溶液。

②实验室用水:去离子水。

③板蓝根(市售中药材)。

④铅标准贮备液(1.0 mg/mL)。称取1.000 g铅粉(称准至0.0001 g),用0.5 mol/L的硝酸为溶剂溶解,并定容于1 L容量瓶中,配制成1.0 mg/mL的标准贮备液。

⑤标准溶液(100.0 μg/mL)。精密量取Pb标准贮备液25.00 mL。定容于250 mL容量瓶中,配成100.0 μg/mL Pb标准溶液。

⑥Pb标准使用液(1.00 μg/mL)。精密量取Pb标准溶液2.50 mL。定容于250 mL容量瓶中,配成1.00 μg/mL Pb标准使用液。

(2)仪器:原子吸收分光光度计(TAS-986型或其他型号,含氩气、冷却水配制)、铅空心阴极灯、容量瓶(100,250,1 000 mL)、吸量管(1,10,25 mL)、微量进样器(25 μL)。小药瓶、电热板、瓷坩埚、高温炉等。

【实验步骤】

按仪器使用说明开机调试至最佳状态,测量条件参照表6.2。

表6.2

项　目	操作条件	项　目	操作条件
波长	283.3 nm	灰化温度	400~750 ℃(持续20~25 s)
灯电流	3~8 A	原子化温度	1 700　~2 100 ℃(持续4~5 s)
狭缝宽度	0.5 nm	背景校正	氘灯或塞曼效应
干燥温度	100~120 ℃		

(1)标准曲线的制备:分别精密量取铅标准使用液0,0.5,2.0,4.0,6.0,8.0 mL于6个100 mL容量瓶中,用2%硝酸溶液定容制成每毫升分别含铅0,5,20,40,60,80 ng的溶液。分别精密量取1 mL上述溶液于小药瓶中,再精密加入含1%磷酸二氢铵和0.2%硝酸镁的混合溶液1 mL,混匀后,用微量进样器精密吸取20 μL,注入石墨炉原子化器,测定吸光度,以吸光度为纵坐标、浓度为横坐标,绘制标准曲线。

(2)供试品溶液的制备:取板蓝根药材粗粉0.5 g,精密称定,放入瓷坩埚中,于电热板上先低温炭化至无烟,移入高温炉中,于100 ℃灰化5~6 h(若个别灰化不完全,加硝酸适量,于电热板上低温加热,反复多次直至灰化完全),取出冷却,加10%硝酸溶液5 mL溶解,转入25 mL容量瓶中,用水洗涤容器,洗液合并于容量瓶中,并稀释至刻度,摇匀,即得。同法同时制备试剂空白溶液。

(3)供试品测定:精密量取空白溶液与供试品溶液各1 mL于另两个小药瓶中,精密加含1%磷酸二氢铵和0.2%硝酸镁的混合溶液1 mL混匀,精密吸取20 μL,按标准曲线的测量条件测定吸光度,从标准曲线读出供试品溶液中铅(Pb)的含量,计算,即得。

【数据记录与处理】

(1)数据记录(表6.3)。

表6.3 实验数据记录表

加入铅标准溶液/mL	0.00	0.50	2.00	4.00	6.00	8.00	供试品液
含铅量/(ng·mL^{-1})	0.0	5.0	20.0	40.0	60.0	80.0	
A							

(2)在坐标纸上绘制Pb的A-c标准工作曲线。

(3)用供试品吸光度所得值从工作曲线中找出相应浓度,然后按供试品质量计算出板蓝根中铅的含量。

【注意事项】

(1)实验前应仔细了解仪器的构造及操作,以便实验能顺利进行。

(2)实验前应检查通风是否良好,确保实验中产生的废气排出室外。

(3)使用微量注射器时,要严格按教师指导进行,防止损坏。

(4)试样的吸光度应在标准曲线的线性范围内,否则要进行适当的处理后,再进行测定。

【思考问题】

(1)试比较火焰原子化法与石墨炉原子化法是如何进行吸光度调零的?

(2)制备供试品溶液时应注意些什么?

复习思考题

一、填空题

1. 原子的共振吸收线则是由__________向__________跃迁形成的。

2. 原子吸收分光光度法是通过测量________中待测元素的________对________吸收来求得该元素含量。

3. 原子吸收光谱仪产生共振发射线的部件是__________,产生共振吸收线的部件是__________。

4. 原子吸收分析法中主要干扰有__________、__________、__________、__________、__________。

5. 原子化器有__________原子化器和__________原子化器两种类型。

6. 原子吸收光谱法定量的基本公式是________,常用的定量分析方法有________和__________。

二、选择题

1. 原子吸光度与原子浓度的关系是( )。

A. 指数关系　B. 对散关系　C. 反比关系　D. 线性关系

2. 原子吸收分光光度法的特点是(　　)。

A. 灵敏度高　　B. 选择性好　　C. 应用广泛　　D. 以上均是

3. AAS 测量的是(　　)。

A. 溶液中分子的吸收　　B. 蒸气中分子的吸收

C. 溶液中原子的吸收　　D. 蒸气中原子的吸收

4. 原子吸收光谱是(　　)。

A. 带状光谱　　B. 线状光谱　　C. 振动光谱　　D. 转动光谱

5. 在原子吸收分光光度法中,配制与待测样品组成相似的标准溶液,可以减小(　　)。

A. 背景干扰　　B. 化学干扰　　C. 基体干扰　　D. 电离干扰

6. 原子吸收光谱法对光源发射线半宽度的要求是(　　)。

A. 大于吸收线的半宽度　　B. 等于吸收线的半宽度

C. 小于吸收线的半宽度　　D. 没有要求

7. 标准加入法可以消除(　　)。

A. 背景吸收　　B. 分子吸收　　C. 基体效应　　D. 电离效应

8. 原子吸收光谱仪中光源的作用是(　　)。

A. 提供试样原子化所需的能量

B. 发射待测元素基态原子所吸收的特征光谱

C. 产生足够强度的散射光

D. 发射很强的紫外可见光谱

9. 原子吸收分光光度计广泛采用的光源是(　　)。

A. 氙灯　　B. 氢灯　　C. 钨灯　　D. 空心阴极灯

10. 在原子吸收分析中,原子蒸气对共振辐射的吸收程度与(　　)。

A. 透射光强度 I 有线性关系　　B. 基态原子总数成正比

C. 激发态原子数成正比　　D. 被测物质 N/No 成正比

11. 原子吸收分光光度计与紫外可见分光光度计的不同之处是(　　)。

A. 光源不同　　B. 吸收池不同　　C. 单色器位置不同　　D. 以上均是

12. 在原子吸收光谱法中,对于氧化物溶点较高的元素,可选用(　　)。

A. 富燃火焰　　B. 化学计量火焰　　C. 贫燃火焰　　D. 以上均可以

三、计算题

1. 用原子吸收法测定某制剂中的钴,不同浓度钴标准溶液的数据见表 6.4,某一该制剂的试液,同样条件下,测得吸光度为0.690,试求该试液中钴的浓度。

表 6.4　不同浓度钴标准溶液的数据

标准溶液/($\mu g \cdot mL^{-1}$)	2	4	6	8	10
A	0.205	0.400	0.585	0.754	0.910

2. 用原子吸收分光光度法测定中药饮片中某微量元素 X 的含量,试样溶液测得的吸光度为 0.428,在 9 mL 试样溶液中加入 1 mL 浓度 100 mg/L 的 X 的标准液后,相同条件下测得的吸光度为 0.820,试计算试样溶液中元素 X 的浓度。

四、简答题

1. 何为共振线？为什么原子吸收光谱法中常用第一共振线做分析线？
2. 为什么原子吸收分光光度计中单色器放在原子化器后？
3. 使原子吸收谱线变宽的原因有哪些？它们对原子吸收法的测定有哪些影响？
4. 简述空心阴极灯产生元素特征性锐线光谱的基本原理。

项目7　色谱分析技术

【知识目标】

了解色谱分析法的分类依据和类别；理解色谱概念及各类色谱的分离原理；掌握纸色谱、吸附薄层色谱和柱色谱的操作方法和步骤。

【技能目标】

会柱色谱操作技术；会用纸色谱法、薄层色谱法进行样品分析。

【项目简介】

色谱分析法简称色谱法或层析法(chromatography)，是一种物理或物理化学分离分析方法，它是利用混合物中不同组分在两相(固定相和流动相)作用下，向前移动的速度不同，实现分离后，再进行定性定量分析的方法。色谱分析法以其特有的优点，已经被广泛应用。色谱法有经典色谱法和现代色谱法两种。

【工作任务】

任务7.1　色谱分析法概述

7.1.1　色谱分析法的产生

色谱分析法是俄国植物学家茨维特(M. Tsweet)在1906年分离植物色素时提出来的。茨维特为了分离植物色素，将植物叶子的石油醚浸提液，倒入装有碳酸钙粉末的玻璃柱中，用石油醚自上而下持续冲洗，原来在柱子上端的色素混合物逐渐向下移动。由于混合物中不同色素成分的性质不同，各自受到碳酸钙的吸附力和石油醚的溶解能力大小有所差异，导致各种色素向前移动的速度不同，冲洗一段时间后，各色素在柱子中排列成不同颜色的清晰色带，使不同色素得到分离，这种方法称为色谱法。

在茨维特的实验中，碳酸钙是固定不动的，称为固定相；石油醚是流动的，称为流动相。每种色谱法都有两相,即固定相和流动相。装有固定相的细长管称为色谱柱。

色谱法的实质是,混合物中各组分在固定相和流动相的作用下,受到的作用力的强弱不同,各组分在色谱柱中向前移动的速度不同,从而使各组分得到有效的分离,并进行定性或定量分析。

7.1.2　色谱分析法的分类

色谱法种类很多,通常按以下几种方式分类。

1)按两相的状态分类

根据流动相的状态分,流动相是气体的,称为气相色谱法;流动相是液体的,称为液相色谱法。若流动相为超临界流体,则称为超临界流体色谱法。

根据固定相的状态不同,气相色谱法又可分为气-固色谱法和气-液色谱法;液相色谱法也可分为液-固色谱法和液-液色谱法。

2)按分离原理分类

色谱法中,固定相不同,其分离原理不同。根据分离原理可将色谱分为吸附色谱、分配色谱、离子交换色谱、凝胶色谱等。

吸附色谱:固定相为固体吸附剂;利用吸附剂表面对不同组分的吸附能力大小不同而实现分离的色谱法。例如,气-固色谱和液-固色谱。

分配色谱:固定相为液体;利用不同组分在流动相和固定相中的分配系数或溶解度的大小不同实现分离的色谱法。例如,气-液色谱和液-液色谱。

离子交换色谱:固定相为离子交换树脂;利用不同组分与固定相之间发生离子交换的能力差异来实现分离的色谱法。

凝胶色谱:固定相为凝胶;利用凝胶对分子大小和形状不同的组分所产生的阻碍作用不同实现分离的色谱法。凝胶色谱又称尺寸排阻色谱。

3)按承载固定相的装置形式分类

固定相在柱内的称为柱色谱,柱色谱有填充柱色谱和开管柱色谱。固定相填充在玻璃或金属管中的称为填充柱色谱;固定相固定在管内壁的称为开管柱色谱或毛细管柱色谱。

固定相呈平面状的称为平板色谱,平板色谱有纸色谱、薄层色谱和薄膜色谱。纸色谱以吸附水分的滤纸作固定相;薄层色谱以涂布在玻璃板上或铝箔板上的吸附剂作固定相;薄膜色谱是以高分子化合物制成的薄膜为固定相。

7.1.3　色谱分析法的特点

色谱法是以其高超的分离能力为特点,主要表现在:分离效率高,可分离性质十分相近的物质,可将含有上百种组分的复杂混合物进行分离。分离速度快,几分钟到几十分钟就能完成一次复杂物质的分离操作。灵敏度高,能检测含量在 10^{-12} g 以下的物质。可进行大规模的纯物质制备。分离和测定一次完成,可以和其他分析仪器联用。易于自动化,可在工业流程中使用。

任务 7.2　平板色谱法

平板色谱法是指色谱过程在固定相构成的平面层内进行的色谱。主要包括薄层色谱法和纸色谱法。经典平板色谱中流动相(展开剂)的移动主要靠固定相的毛细管作用力,有时还靠重力作用。

平板色谱法的特点主要是仪器设备简单、费用低、分析速度快,能同时分析多个样品,对样品预处理的要求不高,试样不受沸点和热稳定性的限制等。所以平板色谱法广泛应用于医药工业中产品的纯度控制和杂质检查、天然药物研究中有效成分的分离、中药的定性鉴别、临床实验室和生物化学中各种样品的分析等。由于平板色谱与柱色谱(包括高效液相色谱)具有相同的分离机制,因此,它常可用作柱色谱条件选择的参考依据。

7.2.1　薄层色谱法

薄层色谱法(Thin Layer Chromatography,TLC)又称薄板层析法,是将固定相均匀涂布在表面光洁的玻璃、塑料或金属板上形成薄层,在此薄层上进行色谱分析的方法。铺好固定相的平板称为薄层板。薄层色谱法按照分离原理可分为吸附、分配、分子排阻等薄层色谱法,本节主要介绍吸附薄层色谱法。

1)薄层色谱分离原理

吸附薄层色谱法是利用同一固定相对样品中各组分的吸附能力大小的不同,在移动相(溶剂)流过固定相(吸附剂)的过程中,对各组分连续的产生吸附、解吸附、再吸附、再解吸附使用,样品中各组分受到不同的吸附力和解析作用,导致各组分的移动速率大小不同,从而达到各成分互相分离的目的。

2)薄层色谱参数

(1)比移值

比移值又称 R_f值,是薄层色谱法中表示组分移动位置的参数。比移值定义为薄层色谱法中原点到斑点中心的距离与原点到溶剂前沿的距离的比值,如图 7.2 所示。

$$R_f = \frac{\text{原点到斑点中心的距离}}{\text{原点到溶剂前沿的距离}} \tag{7.1}$$

$$R_{f(A)} = \frac{a}{c} \qquad R_{f(B)} = \frac{b}{c} \tag{7.2}$$

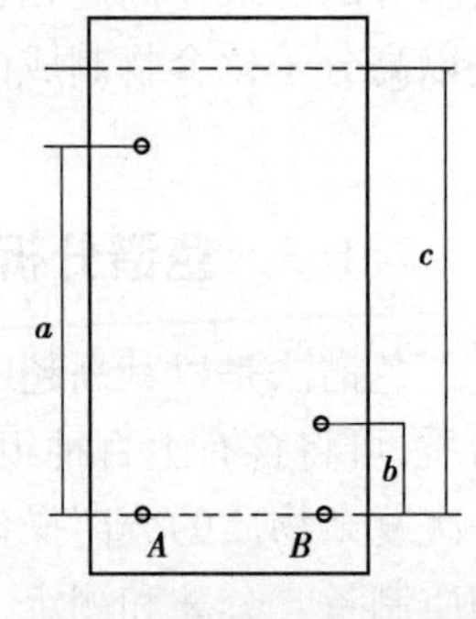

图 7.1　R_f值的测定示意图

在给定的条件下,化合物移动的距离和展开剂移动的距离之比是一定的,即 R_f值是常数。R_f值为 0 ~ 1,当 R_f值等于 0 时,表示化合物在薄层上没有随展开剂的扩散而移动;当 R_f值等于 1 时,表示化合物完全溶解在展开剂中,随溶剂同步移动。R_f值一般要求为 0.15 ~ 0.85。

(2)相对比移值

在薄层色谱中,由于影响 R_f 值的因素很多,很难得到重复的 R_f 值。为此,采用相对比移值 R_s 代替 R_f 值,以消除系统误差。相对比移值 R_s 的定义为被测组分的比移值与对照物的比移值之比。例如,组分 A 相对于物质 B 的相对比移值计算式为

$$R_s = \frac{R_{f(A)}}{R_{f(B)}} = \frac{a/c}{b/c} = \frac{a}{b} \tag{7.3}$$

用相对比移值 R_s 定性时,必须有参照物,参照物可以是样品中的某一组分,也可以是外加的对照品。R_s 值可以大于1。

3)固定相(吸附剂)

吸附剂就其性质而论,可分为有机吸附剂(如聚酰胺、纤维素、葡聚糖等)和无机物吸附剂(如硅胶、氧化铝、硅藻土等)。薄层色谱常用的固定相是硅胶、氧化铝和聚酰胺。

(1)硅胶

硅胶是薄层色谱最常用的无机吸附剂。有90%以上的薄层分离都应用硅胶。硅胶是表面有许多硅醇基的多孔性微粒,硅胶吸附性来源于它表面的硅醇基,混合物中各组分的极性基团与硅醇基形成氢键的能力不同而被分离。由于硅醇基的解离作用,使硅胶呈微酸性,主要用于分离酸性、中性有机物。若在制备薄板时适当加入碱性氧化铝,或者在展开剂中加少量的酸或碱调成一定 pH 的展开剂,可改变硅胶的酸碱性质,适应不同物质分离的要求。常用的有硅胶 H(不含黏合剂)、硅胶 G(含煅石膏黏合剂)、硅胶 GF254(既含煅石膏又含荧光剂)等类型。

因水能与硅胶表面硅醇基中的羟基结合成水合硅醇基使其失去吸附活性或活性降低,所以在使用硅胶薄层板之前都要进行"活化"处理。

(2)氧化铝

氧化铝也是一种常见的无机吸附剂,氧化铝和硅胶类似,有氧化铝 H、氧化铝 G、氧化铝 HFz 等型号。按制备方法,氧化铝又分为碱性氧化铝、酸性氧化铝和中性氧化铝。碱性氧化铝制成的薄板适用于分离碳氢化合物、碱性物质(如生物碱)和对碱性溶液比较稳定的中性物质。酸性氧化铝适合酸性成分的分离。中性氧化铝适用于醛、酮以及对酸、碱不稳定的酯和内酯等化合物的分离。氧化铝的吸附性比硅胶弱,但它能显示出与硅胶不同的分离能力。因此,某些在硅胶上不能分离的混合物,能在氧化铝上得到很好的分离。

(3)聚酰胺

聚酰胺为有机吸附剂,聚酰胺分子内的酰氨基能与酚类、酸类、醌类及硝基化合物等形成氢键,由于这些化合物中酚羟基数目及位置的不同,而导致聚酰胺对其产生不同的吸附力,使其分离。

4)流动相

薄层色谱的流动相又称展开剂。展开剂的选择直接关系到能否获得满意的分离效果,是薄层色谱法的关键所在。展开剂的选择主要根据样品中各组分的极性、溶剂对各组分溶解度的大小等因素来考虑。在用硅胶或氧化铝等极性吸附剂作固定相时,展开剂的极性越大,对化合物的洗脱力也越大。

选择展开剂时,除了参考溶剂极性来选择外,更多的是采用试验的方法,在一块薄层板上进行试验,若所选展开剂使混合物中所有的组分点都移到了溶剂前沿,即 R_f 值都比较大,此溶

剂的极性过强，应更换极性较小的展开剂；反之，如果各组分的 R_f 值都比较小，应更换极性较大的展开剂。当用一种溶剂做展开剂不能很好地展开各组分时，常选择用混合溶剂作为展开剂。先用一种极性较小的溶剂为基础溶剂展开混合物，若展开效果不好，用极性较大的溶剂与前一溶剂混合，调整极性，再次试验，直到选出合适的展开剂组合。合适的展开剂常需要多次仔细选择才能确定。

薄层色谱法中常用溶剂的极性由强到弱的顺序大致为：水 > 乙酸 > 吡啶 > 甲醇 > 乙醇 > 丙醇 > 丙酮 > 乙酸乙酯 > 乙醚 > 氯仿 > 二氯甲烷 > 甲苯 > 苯 > 三氯乙烷 > 四氯化碳 > 环己烷 > 石油醚。

5)操作技术

(1)薄层板的制备

①浆料的制备。取一定量的薄层硅胶在研钵中，以 1 份固定相加 3 份羧甲基纤维素钠水溶液（浓度为 0.3% ~0.5%）的比例，用研锤沿同一方向研磨混合，去除表面的气泡。研磨匀浆的时间，根据经验来定，研磨成浓度均一、色泽洁白的胶状物为佳。

②铺板。取适量配制好的浆料倾注于清洁干燥的玻璃片上，拿在手中轻轻地左右摇晃，使玻璃片表面布满浆料，然后再轻轻振动，使玻璃片上的薄层均匀平滑。在室温下自然晾干。这种制备方法操作简单，但板面的薄厚一致性差，只适用于定性和分离制备，不适于定量。

也可以机械铺板，用涂布器铺板。涂布器可将浆料均匀地涂在玻璃板上，一次可铺成几块厚度均匀的板，具有较好的分离效果和重现性，可作定量分析用。

(2)薄层板的活化

活化是指激活薄层板表面及孔隙的表面活性点的强度和数量。活性点的强度及数目越大，吸附剂的活度就越高，吸附剂的保留能力就越强。

将晾干后的薄层板放在烘箱内加热活化，活化条件根据需要而定。硅胶板一般在烘箱中渐渐升温，维持 105 ~110 ℃活化 30 min。氧化铝板在 200 ℃烘 4 h 可得到活性为Ⅱ级的薄板，在 150 ~160 ℃烘 4 h 可得活性为Ⅲ—Ⅳ级的薄板。活化后的薄层板放在干燥器内保存待用。

(3)点样

先用铅笔在距薄层板一端 1 cm 处轻轻画一横线作为起始线，然后用毛细管吸取样品，在起始线上小心点样，斑点直径一般不超过 2 mm。若因样品溶液太稀，可重复点样，但应待前次点样的溶剂挥发后方可重新点样，以防样点过大，造成拖尾、扩散等现象，而影响分离效果。点样要轻，不可刺破薄层。

点样一般用 0.5 ~1 mm 的毛细管、微量注射器或点样器。如果有足够的耐性，最好用 1 μL的点样管。这样，点的斑点较小，展开的色谱图分离度好，颜色分明。溶解样品的溶剂尽量避免用水，因为水易使斑点扩散，且不易挥发。

(4)展开剂配制

选择合适的量器把各组成溶剂移入分液漏斗，强烈振摇使混合液充分混匀，放置，如果分层，取用体积大的一层作为展开剂。不能直接用展开缸配置展开剂。混合不均匀和没有分液的展开剂，会造成层析的完全失败。各组成溶剂的比例准确度对不同的分析任务有不同的要求，尽量达到实验室仪器的最高精确度，比如，取 1 mL 的溶剂，应使用 1 mL 的单标移液管，移液管应符合计量认证要求等。

(5)展开

薄层色谱的展开,在密闭容器(层析缸、标本缸、广口瓶)中进行。在层析缸中加入配好的展开溶剂,使其高度不超过 1 cm,盖上缸盖,让缸内溶剂蒸气饱和 5 ~ 10 min。再将点好试样的薄层板小心放入层析缸中,点样一端朝下,浸入展开剂中,盖好层析缸盖子。展开剂因毛细管效应沿薄层板上升,试样中各组分也随展开剂在薄层中以不同速度向前移动,待展开剂前沿上升到一定高度时取出,尽快再用铅笔在板上标明展开剂前沿位置。晾干或用凉风吹干,观察斑点位置,计算 R_f 值。注意,展开时,不要让展开剂前沿超过薄层板的边缘。

(6)斑点定位

被分离物质如果是有色组分,展开后薄层色谱板上即呈现出有色斑点。

如果化合物本身无色,则需将无色化合物展开后显色才能观察展开的化合物样点。常用的方法有碘蒸气显色、紫外灯显色和显色剂显色。

①碘蒸气显色。将展开的薄层板挥发干展开剂后,放在盛有碘晶体的密闭容器内,碘升华产生的蒸气能与许多有机物分子形成有黄棕色的复合物而显出颜色。碘能使许多化合物显色,如生物碱、氧基酸衍生物、肽类、脂类及皂苷等,其最大特点是与物质的反应是可逆的,当碘升华挥发后,斑点便于进一步处理。

②紫外灯显色。用掺有荧光剂的固定材料(如硅胶 F、氧化铝 F 等)制板,展开后待板上的展开剂挥发后,把板放在紫外灯下在暗处观察,有化合物的地方由于化合物吸收了紫外光而出现有色斑点,用铅笔标出荧光斑点的位置。

③显色剂显色。用喷雾瓶将显色剂直接喷洒在薄层板上,立即显色或加热至一定温度显色。也可用浸渍法处理薄层:将薄层板的一端轻轻浸入显色剂中,待显色剂扩散到全部薄层;或者将薄层全部浸入显色剂中,立即显色或加热至一定温度显色。

显色剂可分成两大类:一类是检查一般有机化合物的通用显色剂。常用的通用显色剂有硫酸溶液、0.5% 碘的氯仿溶液、高锰酸钾溶液等。另一类是根据化合物分类或特殊官能团设计的专属性显色剂。如茚三酮则是氨基酸和脂肪族伯胺的专用显色剂;三氯化铁的高氯酸溶液可显色吲哚类生物碱。各类化合物的显色剂可以在文献中查询。

薄层色谱既可用于定性分析也可用于定量分析。可用于少量样的分离,也可用来精制样品。在进行有机化学反应时,薄层色谱法还可用来跟踪有机反应,常利用薄层色谱观察原料斑点是否消失来判断反应是否完成。

6)定性定量分析方法

(1)定性分析

①R_f 值定性。定性分析通过显色等方法定位后,测出斑点的 R_f 值,与同一块板上的已知对照品斑点的 R_f 值对比,若 R_f 值一致,即可初步断定该斑点与对照品是同一种物质。然后更换不同的展开体系进行展开,若展开后得到的 R_f 值均与对照品一致时,才可认定该斑点与对照品是同一化合物,也可采用相对比移值 R_s 来定性。

②斑点的原位光谱扫描定性。展开后,根据斑点的性质在薄层扫描仪上用不同光源进行斑点的原位扫描,得到的斑点扫描光谱图与对照品的光谱图比较,根据比较结果进行定性分析。

(2)定量分析

①目测比较法。将一系列已知浓度的对照品溶液与样品溶液点在同一薄层板上,展开并显色之后,以目视法直接比较样品斑点与对照品斑点的颜色深度及斑点面积大小,即可求出被测组分的近似含量。在操作时一定要严格控制点样量,此方法的精度可达 ±10%。

②斑点洗脱法。在薄层板的点样线上定量点上样品溶液,并在样品点的两边点上已知对照品,展开后,只显色对照品定位(也可在紫外灯下定位),然后将待测组分的斑点区取下,用溶解性好的溶剂定量地洗脱,收集洗脱液并用适当的方法进行测定。

③薄层扫描法。用薄层色谱扫描仪对薄层板上的斑点进行扫描,通过斑点对光产生吸收的强弱进行定量分析。该方法精度可达 ±5%,是薄层色谱分析主要的定量方法。目前各国生产的薄层色谱仪规格不同,性能各异,但其基本测定原理是一样的,即用一束一定波长、一定强度的光照射到薄层斑点上进行整个斑点的扫描,用仪器测量通过斑点或被斑点反射的光束强度的变化从而达到定量的目的。

7.2.2 纸色谱法

纸色谱法(Paper Chromatography)是一种以滤纸为支持物的色谱方法,主要用于多官能团或高极性的亲水化合物(如醇类、羟基酸、氨基酸、糖类和黄酮类等)的分离检验。常用于药品的鉴别、纯度检查和含量测定。纸色谱法具有微量、快速、高效和敏捷度高等特点。

1)分离原理

一般认为纸色谱属于分配色谱范畴。滤纸纤维可吸附 25% ~30% 的水分,其中 6% ~7% 的水分和滤纸结构中的羟基以氢键结合,为固定相。其他溶剂可自由通过,为流动相。流动相流经支持物时,使各组分在固定相和流动相之间不断分配而得到分离。

纸色谱以滤纸作为分离的载体,距层析滤纸底边适当位置处点上样品,将滤纸放入展开槽中,溶剂借助毛细管的作用沿滤纸上行。水溶性大的或形成氢键能力强的组分在水中浓度大,随展开剂(流动相)的移动较慢;水溶性小、疏水性强的组分在有机溶剂中分配系数大,移动较快。随着展开剂的上行,混合物中各组分在两相之间反复进行分配,以不同的速度向上移动,最终把各组分分离开。

2)操作技术

(1)实验装置

将一张层析滤纸悬挂于带塞子的层析槽中即构成纸色谱装置,如图 7.2 所示。也可使用一个加塞子的大试管稍微倾斜放置,将滤纸折叠一定角度塞入试管构成。

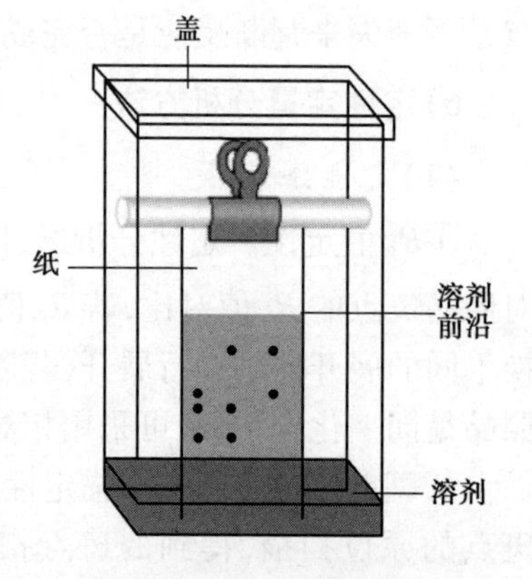

图 7.2 纸色谱装置图

(2)操作

纸色谱法适用于极性较大的亲水性化合物或极性差别较小的化合物的分离,与 TLC 操作方法类似。将裁好的滤纸在距离一端 1 ~2 cm 处用铅笔画好起始线,然后将样品溶液用毛细管点在起始线上,待样品溶剂挥发后,将滤纸的另一端悬挂在展开槽的玻璃钩上,使滤纸下端与展开剂接触,当展开剂前沿接近滤纸上端时，将滤纸取出，标记溶剂的前沿，测定计算化合物的比移值。纸色谱的这种由下向上的展开方法称为上升法，除此之外，还有下降法、圆形纸色谱法和双向纸色谱法等。

纸色谱法分离的混合物无色时，须将展开后的滤纸风干后，置于紫外灯下观察是否有荧光，或根据化合物的性质，喷上显色剂，观察斑点位置。

纸色谱的定性分析方法与定量分析方法同薄层色谱法一致，这里不再赘述。

任务 7.3　经典柱色谱法

经典柱色谱法，是纯化和分离有机或无机物的一种常用方法。其按分离原理可分为吸附柱色谱、分配柱色谱、离子交换柱色谱、凝胶柱色谱（空间排阻柱色谱）等。本节主要介绍吸附柱色谱。

7.3.1　分离原理

吸附柱色谱，固定相是固体吸附剂，流动相为液体。其分离原理是根据混合物中各组分在固定相上的吸附能力和流动相中的溶解能力不同，在色谱柱中进行分离的。

混合物从色谱柱顶端加入装有固定相的柱中，然后用流动相洗脱。混合物中各组分分别受到固定相的吸附作用和流动相的解析作用，极性大的组分受到的吸附力强，不易被解析，向前移动得慢；极性小的组分受到的吸附力小，易被解析，向前移动得快。这样各组分会以不同的速率随流动相向下移动。经过一段时间洗脱，各组分在色谱柱中形成带状分布，实现混合物的分离。

7.3.2　固定相

吸附柱色谱的固定相为固体吸附剂。选择固体相时要考虑以下因素：吸附剂具有确定的组成，颗粒大小均匀；吸附剂不溶于所使用的溶剂；吸附剂与要分离的物质不起化学反应。吸附剂的粒度越小，比表面越大，分离效果越好。一般根据实际需要选择吸附剂的大小。

常用固体吸附剂有硅胶、氧化铝、活性炭等。硅胶强极性，氧化铝弱极性，活性炭无极性。

硅胶柱色谱适用范围广，适用于非极性混合物，也适用于极性混合物，如芳香烃、萜类、甾体、生物碱、蒽醌、酚类、磷脂类、脂肪酸和氨基酸等有机物分离，是应用最为广泛的固定相材料之一。色谱用硅胶应是中性无色颗粒，但是由于制造过程常接触强酸，故在实验前一般要检查酸性，pH 不低于 5 才可使用，而且使用前一般烘 24 h 活化。

氧化铝可分为酸性、中性和碱性 3 种。酸性氧化铝 pH 值为 4 ~ 4.5，用于分离羧酸、氨基酸、酚类等酸性物质；中性氧化铝 pH 值为 7.5，用于分离醛酮、萜类以及对酸碱不稳定的酯类和内酯类有机物，应用最广；碱性氧化铝 pH 值为 9 ~ 10，用于分离生物碱、胺和其他碱性化合物等。

活性炭适用于分离各种有机物,其吸附作用与硅胶和氧化铝相反,对非极性物质具有较强的亲和力,水溶液中吸附最强,有机溶剂中较弱。一定条件下,对芳香化合物的吸附力大于脂肪族化合物,对大分子量化合物的吸附力大于小分子量化合物。利用这些吸附性的差别,可将水溶性芳香族物质与脂肪族物质分开,单糖与多糖分开,氨基酸与多肽分开。但由于是黑色的,不利于操作观察。

7.3.3 流动相

在柱色谱中,流动相习惯上称洗脱剂。一般依据“相似相溶”原则,分离极性大的物质应选择极性大的溶剂做洗脱剂,分离极性小的物质应选择极性小的溶剂做洗脱剂。常用溶剂的极性强弱顺序约为:水 > 甲醇 > 乙醇 > 丙酮 > 乙酸乙酯 > 乙醚 > 三氯甲烷 > 二氯甲烷 > 苯 > 四氯化碳 > 环己烷 > 正庚烷 > 正己烷(石油醚)。

在选择柱色谱分离条件时,要根据被分离物质的性质、固定相及洗脱剂的性质这三者的相互关系来考虑。欲分离中等极性的物质,需选用中等极性的洗脱剂和中等活性的吸附剂。同理,欲分离极性较强的物质,需选用极性较强的洗脱剂和极性较弱的吸附剂。如被分离物质的极性较小,则需选用吸附性较强的吸附剂,并用弱极性溶剂如石油醚或苯进行洗脱。被分离物质、吸附剂、流动相的选择如图 7.3 所示。

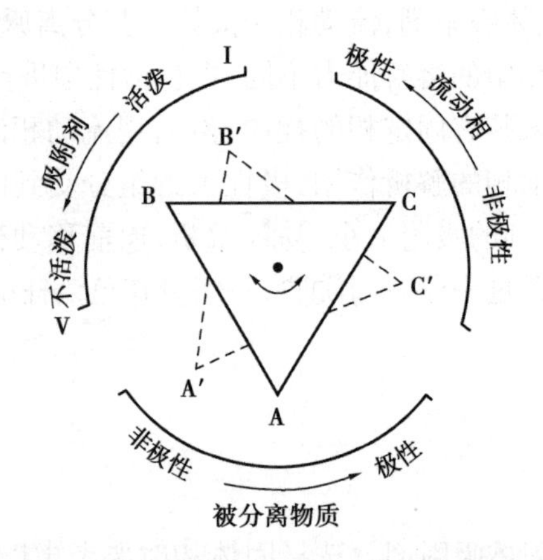

图 7.3 被分离物质、吸附剂和流动相选择关系图

一般是被分离物质优先确定,重要的是选择合适的吸附剂和流动相。为了寻找合适的洗脱剂,应先作薄层或纸色谱试验,找到合适的溶剂系统后再应用到柱色谱中去。如单一溶剂洗脱效果不好,可用混合溶剂,对成分复杂的混合物可用梯度洗脱。

7.3.4 操作技术

柱色谱法操作技术包括装柱、上样、洗脱和收集等步骤。

1)装柱

色谱柱的大小规格由待分离样品的量和分离难易程度来决定。一般填充吸附剂的量为样品质量的 20 ~ 50 倍,根据实际需要确定好吸附剂的用量,再选择填充柱。吸附剂装在柱中的高度约占柱管高度的3/4。装柱前,柱子应干净、干燥,并垂直固定在铁架台上,将少量洗脱剂注入柱内,取一小团玻璃毛或脱脂棉用溶剂润湿后塞入管中,用一长玻璃棒轻轻送到底部,适当捣压,赶出棉团中的气泡,但不能压得太紧,以免阻碍溶剂畅流(如管子带有筛板,则可省略该步操作)。再在上面加入一层约0.5 cm厚的洁净细砂,从对称方向轻轻叩击柱管,使砂面平整。

常用的装柱方法有湿法装柱和干法装柱两种。

(1)湿法装柱

装柱前先将吸附剂用洗脱剂中极性最低的溶剂调成均匀的糊状,在准备好的层析柱内先加入3/4的溶剂(洗脱剂中极性最低的),将调好的糊状吸附剂倒入柱中,边倒入边敲打柱壁,同时打开柱子下端的活塞,用干净的锥形瓶接收流出柱子的液体。等到吸附剂全部加入柱子后,继续用洗脱剂中极性最低的溶剂“走柱子”,此过程应不断敲打柱壁,使柱子填充均匀且没有气泡。如果柱子较大,应事先将吸附剂泡在一定量的溶剂中,并充分搅拌后过夜(排除气泡),然后再装柱。

湿法装柱最大的优点是一般柱子装的比较结实,没有气泡。

(2)干法装柱

吸附剂不需要浸泡,直接把干燥的吸附剂用漏斗以细流状匀速倾泻进准备好的层析柱中,然后再轻轻敲打柱子两侧,至硅胶界面不再下降为止,然后再填入硅胶至合适高度,最后再用真空泵在下方直接抽,这样就会使柱子装得很结实。接着是用洗脱剂中极性最低的溶剂“走柱子”。干法装柱较方便,但最大的缺陷在于“走柱子”时,若操作不当易产生气泡,严重时整个柱子会变花。

无论是干装法,还是湿装法,装好的色谱柱面平整,吸附剂应是充填均匀,松紧适宜一致,没有气泡和裂缝,否则会造成洗脱剂流动不规则而形成“沟流”,引起色谱带变形,影响分离效果。

2)上样

若带分离的样品是固体,先对样品称重,再用少量初始洗脱剂将其溶解,准备上样;若样品是液体,可直接上样。上样分为干法上样和湿法上样。

(1)湿法上样

打开柱子下端的活塞,使液面和柱表面相平时,关闭活塞,用滴管将样品沿色谱柱内壁小心均匀地加入柱中,注意勿破坏吸附剂上层平面。加完后,用少量溶剂把容器和滴管冲洗净并全部加到柱内,再用溶剂把黏附在柱壁上的样品溶液淋洗下去。慢慢打开活塞,调整液面和柱面相平为止,关好活塞。湿法较方便,熟练操作者一般采用此法。

(2)干法上样

干法上样就是把待分离的样品用少量的适当溶剂溶解后,再加入少量硅胶,拌匀后再挥干除去溶剂,把得到的干燥松散粉末小心加到柱子的顶层。如供试品在常用溶剂中不溶,可将供试品与适量的吸附剂在乳钵中研磨混匀后加入。干法上样较麻烦,但可以保证样品层很平整。

3)洗脱

将选好的洗脱剂沿柱管内壁缓慢地加入柱内,直到充满为止(注意保持柱面平整。以防柱面被破坏,可先在柱面塞一团脱脂棉再加入洗脱剂)。打开活塞,让洗脱剂慢慢流经柱体,洗脱开始。在洗脱过程中,注意随时添加洗脱剂,以保持液面的高度恒定,特别应注意不可使柱面暴露于空气中。在进行大柱洗脱时,可在柱顶上架一个装有洗脱剂的带盖塞的分液漏斗或倒置的长颈烧瓶,让漏斗颈口浸入柱内液面下,这样便可自动加液。如果采用梯度溶剂分段洗脱,则应从极性最小的洗脱剂开始,依次增加极性,并记录每种溶剂的体积和柱子内滞留的溶剂体积,直到最后一个成分流出为止。洗脱的速度也是影响柱色谱分离效果的一个重要因素。大柱一般调节在每小时流出的毫升数等于柱内吸附剂的克数。中小型柱一般以1～5滴/s的速度为宜。

4)收集

对有色物质洗脱液的收集,按色带分段收集,两色带之间要另收集,在这部分可能两组分有重叠。

对无色物质洗脱液的接收,一般采用分等份连续收集,每份流出液的体积毫升数等于吸附剂的克数。若洗脱剂的极性较强,或者各成分结构很相似时,每份收集量就要少一些,具体数额的确定,要通过薄层色谱检测,视分离情况而定。现在,大多数用分步接收器自动控制接收。洗脱完毕,采用薄层色谱法对各收集液进行鉴定,把含相同组分的收集液合并,除去溶剂,便得到各组分的较纯样品。

【技能实训】

实训7.1　薄层色谱法鉴别复方乙酰水杨酸药片的成分

【实训目的】

(1)学习薄层色谱分离的原理。

(2)掌握薄层色谱分离的操作方法。

【实验原理】

薄层色谱是一种微量而快速的分离方法,其原理是试样中各组分的分子结构不同,受到的固定相的吸附力大小不同,导致各组分迁移的速率有差异,而使各组分进行分离。

【仪器试剂】

(1)仪器:短波紫外分析仪,鼓风干燥箱。

(2)试剂:硅胶(GF-254),羧甲基纤维素钠,二氯甲烷,无水硫酸镁;市售复方乙酰水杨酸药片;展开剂:苯∶乙醚∶冰醋酸∶甲醇＝120∶60∶18∶1。

【实验步骤】

1)薄层板的制备

(1)玻璃片的选择与清洗:选择平整、光滑、透明度好、四边磨光、200×20(mm)的长方形玻璃片。先用去污粉洗,然后依次用自来水、蒸馏水洗净,晾干。

(2)调浆与涂布:称取2 g硅胶GF-254放入一小型研钵中,一边慢慢地研磨,一边慢慢地加0.5%的羧甲基纤维素钠水溶液5～6 mL。待调成均匀地糊状后(注意:动作要快),将浆液倾倒在4块洁净干燥的玻璃板上,用洁净的玻璃棒将浆液在玻璃板上大致摊匀,用手将带浆液的玻璃板在水平桌面上作上下轻微地颤动,并不时转动方向,很快制成厚薄均匀、表面光洁平整的层析板。

(3)干燥与活化:将上述制成的湿层析板放在一个水平且防尘的地方,让其自行阴干固化,表面呈白色。再放进烘箱中于110 ℃下活化0.5～1 h,稍冷,取出置于干燥器中待用。

2)点样

(1)样品液的制备:取复方水杨酸药片一片,在研钵中研细,然后转移到盛有二氯甲烷3 mL的小烧杯中,经过充分搅拌,使固体物几乎全部溶解,将有机层转移到一个25 mL的小锥形瓶中,用无水硫酸镁干燥、过滤,除去干燥剂后可直接用于点样。

(2)点样:把以上制得的样品用毛细管点加到预制的层析板距底板端1 cm的起点线上,点样量不宜过多,一般为10～50 mg,样品点不宜过大,控制直径在2～3 mm。点样时只需用毛细管稍蘸一下样液,轻轻地在预定的位置上一触即可。点样后应使溶剂挥发至干后再开始下一步操作。

3)展开

将事先选好的展开剂放入展开缸内,展开剂液体的深度小于1 cm即可。马上盖好玻璃盖,使缸内达到蒸汽压饱和。放入点好样品的层析板,盖好瓶盖,使样品在缸内进行展开分离。当展开剂上升到预定的位置时,立即取出层析板,将它置于水平位置上风干,或用吹风机吹干。

4)鉴定

将烘干的层析板放入254 nm紫外分析仪中照射显色,可以清晰地看出展开得到的3个粉红色斑点,定出它们的相对位置。用尺子量出从3个斑点中心到起点的距离和展开剂从起点到终点的距离,测算出R_f值。根据R_f值对照文献值确定APC药片的主要成分。

【注意事项】

(1)调浆不宜过干或者过稀,否则,制板不均匀。

(2)涂布厚薄一定要均匀,薄层的厚度约0.25 mm,否则会影响分离的效果。

(3)点样用的毛细管必须专用,不得混用。点样时,使毛细管液面刚好接触到层析板即可,切勿点样过重而使薄层破坏。

实训7.2 柱色谱法分离提纯人参总皂苷元

【目的要求】

(1)学习柱色谱操作的基本方法。

(2)掌握大孔树脂柱色谱提取人参皂苷等基本实验操作技能。

【实验原理】

人参的主要成分为人参皂苷,总皂苷含量约4%,人参皂苷大多数是白色无定形粉末或无色结晶,味微甘苦,具有吸湿性。人参皂苷易溶于水,甲醇、乙醇,可溶于正丁醇、乙酸、乙酸乙酯,不溶于乙醚、苯等亲脂性有机溶剂。

大孔树脂色谱是近年来用于分离和富集天然化合物的一种常用方法,应用大孔树脂分离皂苷,主要用于皂苷的富集和初步分离。将含有人参皂苷的水溶液通过大孔树脂柱吸附后,先用水洗脱除去糖和其他水溶性杂质,然后改用不同浓度的甲醇或乙醇进行梯度洗脱。极性大的皂苷可被低浓度的甲醇或乙醇洗脱下来,极性小的皂苷则被高浓度的甲醇或乙醇洗脱下来。

【仪器试剂】

层析柱、减压蒸馏装置,D101 大孔树脂,人参总皂苷粗品,乙醇,三氯化锑,氯仿。

【实验内容】

(1)取人参总皂苷粗品适量并准确称重,用少量水溶解。

(2)加样于处理好的 D101 型大孔树脂柱上,吸附 1 h。

(3)用约 3 倍量柱体积的蒸馏水洗脱除杂质,弃掉洗脱液。

(4)再用 60% 乙醇洗脱,洗脱至三氯化锑氯仿饱和溶液反应呈阴性。

(5)将收集到的洗脱液减压蒸馏回收溶剂。

(6)残留物在 60 ℃的真空条件下减压干燥得精制总皂苷。

复习思考题

一、选择题

1. 色谱法按操作形式的不同可分为(　　)。
   A. 气-液色谱、气-固色谱、液-液色谱、液-固色谱
   B. 吸附色谱、分配色谱、离子交换色谱、凝胶色谱
   C. 柱色谱、薄层色谱、纸色谱
   D. 气相色谱、高效液相色谱、超临界流体色谱、毛细管电泳色谱
2. 气相色谱中作为流动相的是(　　)。
   A. 气体　　B. 吸附剂　　C. 展开剂　　D. 洗脱剂
3. 下列物质是最常用的吸附剂之一的是(　　)。
   A. 碳酸钙　　B. 硅胶　　C. 纤维素　　D. 硅藻土
4. 纸色谱属于(　　)。
   A. 吸附色谱　　B. 分配色谱　　C. 离子交换色谱　　D. 气相色谱
5. 设某样品斑点离原点的距离为 x,样品斑点离溶剂前沿的距离为 y,则 R_f 值是(　　)。
   A. x/y　　B. y/x　　C. $x/x+y$　　D. $y/x+y$
6. 某物质的 R_f 等于"零",说明此物质(　　)。
   A. 样品中不存在　　B. 没有随展开剂展开
   C. 与溶剂反应生成新物质　　D. 不能被固定相吸附
7. 相对比移值 R_s 的取值范围是(　　)。
   A. 1 以上　　B. 0~1　　C. 大于等于 0　　D. 1~10

8. 薄层色谱点样线一般距玻璃板底端(　　)cm。

A. 0.2 ~ 0.3　　B. 0.3 ~ 0.5　　C. 1 ~ 2　　D. 2 ~ 3

二、填空题

1. 按色谱法分离原理不同分为__________、__________、__________和__________。

2. 色谱法中的固定相可以是__________体或__________体,但不可能是__________体;流动相可以是__________体或___________体,但不可能是__________体。

3. 纸色谱是以__________作为载体的色谱法,按原理属于__________的范畴。固定相一般为纸纤维上吸附的__________。

4. 纸色谱展开后,R_f值应为__________,分离两个以上组分时,其R_f值相差至少要大于__________。

5. 柱色谱的主要操作步骤有__________、__________、__________和__________。

6. 分离极性较强的组分时,宜选用活性较__________的薄层板,用__________的展开剂展开。

7. 薄层色谱常用的吸附剂有__________、__________和__________。

8. 薄层色谱板的"活化"作用是__________、__________。

三、问答题

1. 柱色谱法、薄层色谱法与纸色谱法三者相比,各自的优点有哪些?

2. 平板色谱法的展开容器为什么要密闭?

3. 平板色谱分析中,点样斑点过大有什么影响?

4. 柱色谱分析中,为什么极性大的组分要用极性较大的溶剂洗脱?

四、计算题

某样品和标准品经过薄层色谱后,样品斑点中心距原点 10 cm,标准品斑点中心距原点 8 cm,展开剂前沿距原点 20 cm,试求样品及标准品的R_f值和R_s值。

项目8　气相色谱分析技术

【知识目标】

了解气相色谱法的优缺点及适用范围；熟悉气相色谱定性、定量分析方法，气相色谱法实验条件的选择；掌握气相色谱法常用术语，气相色谱仪的构造部件及工作原理。

【技能目标】

会使用气相色谱仪并会进行日常维护；能用气相色谱仪对有关样品进行测定。

【项目简介】

气相色谱法(Gas Chromatography,GC)是一种以气体为流动相的柱色谱法。气相色谱根据其固定相状态不同又分为气－固色谱和气－液色谱。气－固色谱以多孔性固体为固定相，分离的对象主要是一些永久性的气体和低沸点的化合物；气－液色谱的固定相是将高沸点的有机物涂渍在惰性担体上。由于有多种固定液可以选择，所以气－液色谱选择性更好，应用更广泛。

气相色谱分析技术具有检测灵敏度高、选择性好、分离效率高、分析速度快、样品用量少等特点。

任务8.1　气相色谱的基本原理

8.1.1　分离原理

气－固色谱的固定相是固体吸附剂。当试样由载气携带进入色谱柱时，立即被吸附剂吸附。当载气不断流过吸附剂时，被吸附的试样组分又被洗脱下来。这种洗脱下来的现象称为脱附。脱附的组分随着载气继续前进时，又可被前面的吸附剂所吸附。随着载气的流动，被测组分在吸附剂表面进行反复的物理吸附、脱附过程。由于试样中各个组分的性质不同，受到的吸附力大小不同，组分受到的吸附力小，向前移动得快；组分受到的吸附力大，向前移动得慢。经过一定时间，试样中的各个组分就彼此分离而先后流出色谱柱。

气－液色谱分析中固定相是液体,称为固定液。在气－液色谱柱内,被测物质中各组分的分离是基于各组分在固定液中溶解度的不同。当试样被载气携带进入色谱柱与固定液接触时,气相中的试样组分就溶解到固定液中去。载气连续进入色谱柱,溶解在固定液中的试样组分会从固定液中挥发到气相中去。随着载气的流动,挥发到气相中的试样组分分子又会溶解在前面的固定液中。这样反复多次溶解、挥发、再溶解、再挥发。由于样品中各组分在固定液中溶解能力不同,溶解度大的组分就较难挥发,在柱中停留时间长,向前移动得慢;而溶解度小的组分,在柱中停留时间短,向前移动得快。经过一定时间后,各组分就彼此分离。

8.1.2 色谱图及常用术语

1)色谱图

在气相色谱法中,样品被载气带入色谱柱,样品中的各组分在色谱柱中被分离,先后流出色谱柱。色谱柱后装一检测器,用于检测被流出的组分。组分通过检测器时产生的响应信号随时间变化的曲线,称为色谱流出曲线,也称色谱图,如图8.1所示。理想的色谱流出曲线应是正态分布曲线。

2)基本术语

(1)基线

基线是在正常实验条件下,色谱柱后没有组分流出,只有流动相通过时,检测器响应信号的记录值。当实验条件稳定时,基线应是一条平行于横轴的直线,若基线上下波动称为噪声,基线上斜或下斜称为漂移。基线为图8.1中所示的直线。

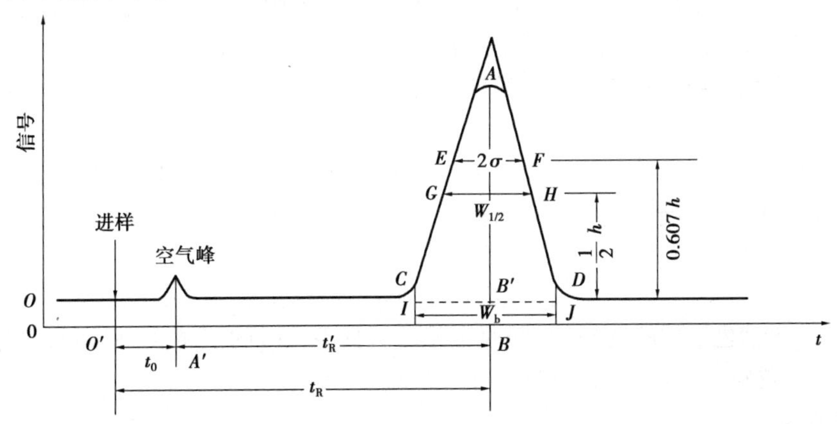

图8.1 典型色谱流出曲线

(2)峰高

由色谱峰最高点至基线的垂直距离称为峰高,一般用 h 表示。

(3)峰宽

色谱峰宽度是色谱流出曲线中很重要的参数。它直接和分离效率有关。描述色谱峰宽度有以下3种方法:

①标准偏差 σ。峰高0.607倍处色谱峰宽度的一半。σ 值越小,说明组分出柱比较集中,分离效果越好;σ 值越大,则说明组分出柱比较分散,分离效果较差。

②半峰宽度 $W_{1/2}$。峰高一半处色谱峰的宽度。它与标准偏差的关系为：$W_{1/2}=2.355\sigma$。

③峰底宽度 W_b。色谱峰两侧拐点上切线与基线相交的两点间距离。$W_b=4\sigma=1.699\ W_{1/2}$。

(4)峰面积

色谱峰曲线与峰底基线所围成区域面积称为峰面积，以 A 表示。峰高或峰面积的大小与每个组分在样品中的含量相关，因此，色谱峰的峰高或峰面积是气相色谱进行定量分析的主要依据。

峰面积可通过计算求得，对称峰：$A=1.065\ h\cdot W_{1/2}$，非对称峰：$A=1.065\ h\cdot(W_{0.15}+W_{0.85})/2$。

现代的色谱仪一般都配有自动积分仪，可自动测量出曲线所包含的面积。精度可达0.2% ~2% 。不管峰形是否对称，均可得到准确结果。

(5)保留值

表示试样中各组分在色谱柱中停留的数值。通常用时间或所消耗的流动相体积来表示。在一定的固定相和操作条件下，任何物质都有一确定的保留值。保留值是色谱定性分析的依据。

①死时间 t_0。指不被固定相吸附或溶解的组分从进样开始到出现其色谱峰极大值时所需要的时间。例如，气相色谱中惰性气体(空气、甲烷等)流出色谱柱所需的时间。

②保留时间 t_R。指被测组分从进样开始到出现其色谱峰极大值时的所需时间。

③调整保留时间 t'_R。指扣除死时间后的保留时间，即组分在固定相上滞留的时间。$t'_R=t'_R-t_0$。

④死体积 V_0。指不被固定相滞留的组分，从进样开始到出现峰最大值所消耗的流动相体积，数值上等于死时间与载气流速的乘积，即 $V_0=t_0\cdot F_C$(F_C为流动相的流速)。

⑤保留体积 V_R。指从进样开始到被测组分在柱后出现浓度最大值时所消耗的流动相体积，即 $V_R=t_R\cdot F_C$。

⑥调整保留体积 V'_R。指扣除死体积后的保留体积，即 $V'_R=V_R-V_0$ 或 $V'_R=t'_R\cdot F_C$。

⑦相对保留值 r_{21}。指某组分 2 的调整保留值与另一组分 1 的调整保留值之比，即

$$r_{21}=\frac{t'_{R(2)}}{t'_{R(1)}}=\frac{V'_{R(2)}}{V'_{R(1)}}\neq\frac{t_{R(2)}}{t_{R(1)}} \tag{8.1}$$

式(8.1)中，r_{21}表示色谱柱的选择性，即固定相的选择性。r_{21}的值越大，相邻两组分的 t'_R 相差越大，分离效果越好。$r_{21}=1$ 时，两组分不能被分离。

(6)分离度

分离度又称分辨率或总分离效能指标，是两色谱峰分离程度的量度。为判断相邻两组分在色谱柱中的分离情况，可用分离度 R 作为色谱柱的分离效能指标。其定义为相邻两组分色谱峰保留值之差与两个组分色谱峰峰底宽度总和之半的比值，即

$$R=\frac{t_{R(2)}-t_{R(1)}}{\frac{1}{2}(W_{b(1)}+W_{b(2)})} \tag{8.2}$$

在式(8.2)中，分子反映了溶质在两相中的分配行为对分离的影响，分母反映了组分的峰宽对分离的影响。R 值越大，就意味着相邻两组分分离得越好。因此，分离度是色谱柱效能和选择

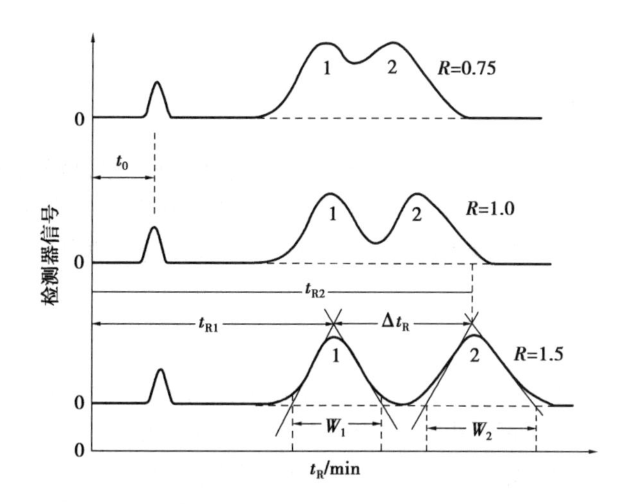

图 8.2　不同分离度色谱峰的分离程度

性的一个综合指标。从理论上可以证明,若峰形对称且满足于正态分布,则当 $R=1$ 时,分离程度可达98%;当 $R=1.5$ 时,分离程度可达99.8%,因此,可用 $R=1.5$ 来作为相邻两峰已完全分开的标志。

3)分配系数与分配比

在色谱过程中,样品进入固定相的各组分的分子和进入流动相的各组分的分子处于动态平衡,把这种平衡称为分配平衡。常用分配系数和分配比来描述各组分在两相中的分配行为。

(1)分配系数

在一定温度下,组分在固定相(s)和流动相(m)之间分配达到平衡时的浓度之比称为分配系数,用 K 表示。

$$K=\frac{\text{组分在固定相中的浓度}}{\text{组分在流动相中的浓度}}=\frac{c_s}{c_m} \tag{8.3}$$

分配系数随温度变化而变化。一定温度下,各物质在两相之间的分配系数是不同的,分配系数 K 小的组分在流动相中浓度大,先流出色谱柱;反之,后流出色谱柱。

气象色谱中柱温是影响分配系数的一个重要参数,分配系数与温度成反比,升高温度,分配系数变小。而温度对液相色谱分离的影响较小。

(2)分配比

在色谱过程中,组分在两相间中的分配达到平衡时,固定相(s)和流动相(m)中组分的质量比称为分配比,用 k 表示。

$$k=\frac{\text{组分在固定相中的质量}}{\text{组分在流动相中的质量}}=\frac{m_s}{m_m} \tag{8.4}$$

k 值越大,说明组分在固定相中的量越多,相当于柱的容量大,因此,又称分配容量或容量因子。它是衡量色谱柱对被分离组分保留能力的重要参数。

分配系数是组分在两相中的浓度之比,分配比则是组分在两相中分配总量之比。它们都与组分及固定相的热力学性质有关,并随柱温、柱压的变化而变化。分配系数只决定于组分和两相性质,与两相体积无关。分配比不仅决定于组分和两相性质,且组分的分配比随固定相的量而改变。

8.1.3 色谱基本理论

在色谱过程中,两组分 A,B 实现分离,必须满足两个条件:色谱峰之间的距离足够大;色谱峰宽度要足够窄。色谱峰之间的距离与色谱过程的热力学因素有关,可用塔板理论来描述;色谱峰的宽度则与组分在柱中的扩散和运行速度有关,即所谓的动力学因素有关,需要用速率理论来描述。

1)塔板理论

塔板理论把色谱柱比作一个精馏塔。把整个色谱柱看成是由许多假想的塔板组成的。即将色谱柱分为许多个小段,在每一小段(塔板)内,组分在两相之间达成一次分配平衡,然后随流动相向前移动,遇到新的固定相再次达成分配平衡。由于流动相在不停地移动,组分在这些塔板间就不断达成分配平衡。经过多次分配平衡后,分配系数小的先出柱。由于色谱柱的塔板数相当多,可高达几十到几万。因此,组分的分配系数只要有微小差异,就可得到很好的分离效果。

在塔板理论中,把组分在分离柱内达成一次分配平衡所需的柱长称为理论塔板高度(H),色谱柱的柱长(L)除以理论塔板高度即得理论塔板数(n),即

$$n = \frac{L}{H} \tag{8.5}$$

因理论塔板高度不易从理论上获得,故无法由式(8.5)计算理论塔板数。理论塔板数可用公式(8.6)计算求得

$$n = 5.54\left(\frac{t_R}{W_{1/2}}\right)^2 = 16\left(\frac{t_R}{W_b}\right)^2 \tag{8.6}$$

由式(8.6)可知,t_R一定时,色谱峰越窄,即 W_b 或 $W_{1/2}$越小,理论塔板数 n 越大,理论塔板高度 H 就越小,色谱柱效的分离效率越高,因而 n 或 H 可作为描述柱效能的一个指标。

若考虑死时间 t_M的存在,可用 t'_R代替 t_R,可求出有效塔板数 $n_{有效}$和有效塔板高度 $H_{有效}$,以此作为评价柱效能指标,即

$$n_{有效} = 5.54\left(\frac{t'_R}{W_{1/2}}\right)^2 = 16\left(\frac{t'_R}{W_b}\right)^2 \tag{8.7}$$

$$H_{有效} = \frac{L}{n_{有效}} \tag{8.8}$$

有效塔板数和有效塔板高度消除了死时间的影响,因而能较为真实地反映柱效能的好坏。色谱柱的理论塔板数越大,表示组分在色谱柱中达到分配平衡的次数越多,固定相的作用越显著,因而对分离越有利。

塔板理论是基于热力学上的理论,该理论建立在一系列假设的基础上,这些假设条件与实际色谱分离过程不完全符合,所以只能定性地给出塔板高度的概念,而不能指出影响 H 的因素,不能解释诸如为什么不同流速下测得 H 不一样的现象,更不能指出降低 H 的途径等。

2)速率理论

1956 年,荷兰学者范弟姆特(Van Deemter)等提出了色谱过程的动力学理论,他们吸收了塔板理论的概念,并把影响塔板高度的动力学因素结合进去,导出了塔板高度 H 与载气线速

度 u 的关系,可用范第姆特方程描述为

$$H = A + \frac{B}{u} + C_u \tag{8.9}$$

式中 H——理论塔板高度;

u——流动相的线速度;

A——涡流扩散项;

B/u——分子扩散项;

C_u——传质阻力项。

由式(8.9)可知,当 u 一定时,只有 A,B,C 越小,H 才越小,色谱柱的分离效率才越高。

(1)涡流扩散项 A

在色谱柱中,气体碰到填充物颗粒时,不断地改变流动方向,使试样组分在气相中形成类似"涡流"的流动,称涡流扩散。如图8.2所示,同一组分的3个质点开始时都加到色谱柱端的同一位置,当流动相连续不断地通过色谱柱时,由于组分质点在流动相中形成不规则的"涡流",同时进入色谱柱的相同组分的不同分子到达检测器的时间并不一致,引起了色谱峰的展宽。

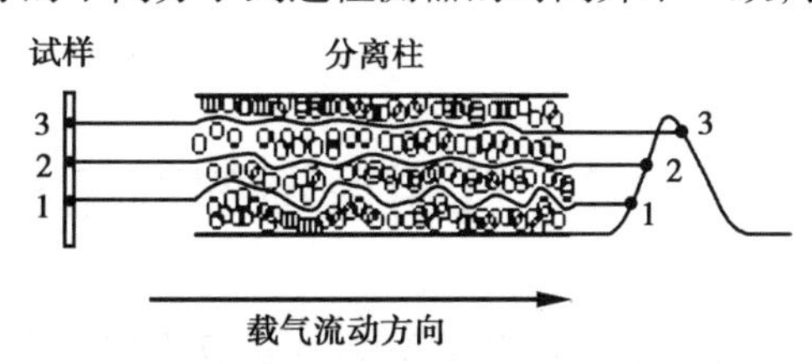

图8.3 涡流扩散对色谱峰展宽的影响

范弟姆特公式中涡流扩散项 A 的表达式为

$$A = 2\lambda d_p \tag{8.10}$$

表明 A 与固定相的平均颗粒直径 d_p 的大小和填充的不均匀性 λ 有关,而与载气性质、线速度和组分性质无关,因此,使用适当细粒度和颗粒均匀的担体,并尽量填充均匀,可减少涡流扩散,降低塔板高度,提高柱效。

(2)分子扩散项 B/u

由于试样组分被载气带入色谱柱后,是以"塞子"的形式存在于柱中的很小一段空间中,在"塞子"的前后(纵向)存在着浓度梯度,因此,使运动着的分子产生纵向扩散,从而使色谱峰展宽。

B 为分子扩散系数,表达式为

$$B = 2rD_g \tag{8.11}$$

式中 r——弯曲因子,表示填充物颗粒在柱内引起的气体扩散路径弯曲的程度,它反映了固定相的几何形状对分子扩散的阻碍情况,一般 $r<1$;

D_g——组分在气相中的扩散系数,组分的相对分子质量越大,D_g 越小;载气相对分子质量越大,D_g 越小;柱温越高,D_g 越大。

分子扩散项 B/u 与组分在色谱柱内的停留时间有关,组分停留的时间长,分子扩散就越严重。因此,要降低分子扩散的影响,应加大载气流速。

综上所述,在实际操作时,采用相对分子质量较大的载气、合适的柱温,提高载气线速度,可降低分子扩散项,减小 H,提高柱效。

(3)传质项系数 C_u

样品组分在两相间的转移过程称为传质过程。传质阻力项包括流动相传质阻力系数 C_g 和固定相传质阻力系数 C_l 两项。

流动相传质阻力系数 C_g 是指试样组分从流动相移动到固定相表面进行两相间浓度分配时所受到的阻力。C_g 越大,流动相传质过程时间越长,峰形展宽越大。采用颗粒细小的固定相、相对分子量小的载气可减小流动相传质阻力系数 C_g,提高柱效。

固定相传质系数 C_l 是指试样组分从两相界面移动到固定相内部,达到分配平衡,然后返回两相界面的传质过程中所受到的阻力。C_l 越大,这一过程需要的时间越长,组分分子返回流动相时与原来在流动相中的同一组分的其他分子相距就越远,从而使峰展宽越大。固定液液膜厚度越大,C_l 越大;温度越高,C_l 越小。

由上述讨论可知,范弟姆特方程式对于分离条件的选择具有指导意义。它表明,固定相的粒度,填充均匀程度、载气种类、载气流速、柱温、固定相液的性质和液膜厚度等对柱效、峰展宽的影响。

任务 8.2 气相色谱的固定相

气相色谱分离是在色谱柱中完成的,分离效果主要取决于柱中固定相。气相色谱所用的固定相分为固体固定相、液体固定相、聚合物固定相 3 类,对不同的分离对象,需要根据它们的性质选择合适的固定相。

8.2.1 固体固定相

固体固定相一般是表面具有一定活性的固体颗粒。主要有固体吸附剂和高分子微孔多球等。主要用于惰性气体、H_2、O_2、N_2、CH_4、CO、CO_2 等一般气体和低沸点的有机化合物的分析。对烃类异构体具有良好的选择性和较高的分离效率。其缺点是所得的色谱峰往往不对称,重现性差。由于在高温下常具有催化活性,因而不宜分析高沸点和有活性组分的试样。

(1)固体吸附剂

常用的有强极性的硅胶、弱极性的氧化铝、非极性的活性炭、人工合成的分子筛等。固体吸附剂在使用前通常要进行活化处理,多用于永久性气体和相对分子质量低的化合物的分离分析,在药物分析中没有高分子应用较少。

(2)高分子微孔多球

高分子微孔多球是用苯乙烯和二乙烯苯共聚所得到的交联多孔共聚物,是一类新型的性能优良的固定相。其优点是有无害的吸附活性中心,极性组分也能得到正态峰;疏水性强,特别适用于分析混合物中的微量水分;粒度均匀、机械强度高、耐腐蚀性好、热稳定性好。适用于水、气体及低级醇的分析。

8.2.2　液体固定相

液体固定相,是将固定液均匀涂渍在担体表面而构成。液体固定相因具有较高的可选择性而受到普遍使用。

1)担体

担体又称载体,是一类化学惰性、多孔性的颗粒,它的作用是提供一个大的惰性表面,用以承载固定液,使固定液以薄膜状态分布在其表面上。因此,要求担体具有无表面吸附、空穴均匀、比表面大、耐热性强、无化学活性以及有一定机械强度和浸润性。常用担体可分为硅藻土型和非硅藻土型两类。

硅藻土型担体由天然硅藻土经煅烧而成,是常用担体,它又可分为红色担体和白色担体(煅烧时加 Na_2CO_3 之类的助熔剂,使氧化铁转化为白色的铁硅酸钠)两种。

红色担体孔径较小,约 2 μm,表面孔穴密集,比表面积较大(4 m^2/g),机械强度好。适宜分离非极性或弱极性组分的试样。缺点是表面存有活性吸附中心点。

白色担体颗粒疏松,孔径较大,一般为 8 ~ 9 μm。比表面积较小(1 m^2/g),机械强度较差。但吸附性显著减小,适宜分离极性组分的试样。

普通硅藻土类担体表面并非惰性,含有≡Si—OH、Si—O—Si、═Al—O—、═Fe—O—等基团,故既有吸附活性又有催化活性。由于活性中心的存在,会造成固定液分布不均匀;分析极性试样时,会造成色谱峰拖尾,甚至发生化学反应。因此,担体使用前应进行酸洗、碱洗、硅烷化、釉化等钝化处理,目的是屏蔽活性中心,改进分离效果。

非硅藻土型担体有氟担体、玻璃微球担体、高分子微担体等。

2)固定液

固定液主要是高沸点难挥发有机化合物。

(1)对固定液的要求

理想的固定液要求对被测组分化学惰性,热稳定性好,挥发性小,在操作温度下呈液体状态,有较低蒸气压,不发生分解;对试样各组分有适当的溶解能力;具有高的选择性,即对沸点相同或相近的不同物质有尽可能高的分离能力。

(2)固定液的种类

在气 - 液色谱中所使用的固定液已达 1 000 多种,为了便于选择和使用,一般按固定液的极性大小进行分类,通常用相对极性表示。这种方法规定:强极性的固定液 β,β'-氧二丙腈的相对极性为 100,非极性的固定液角鲨烷的相对极性为 0,其余物质的相对极性为 0 ~ 100。

(3)固定液的选择

固定液的极性直接影响组分与固定液分子间作用力的类型和大小。因此,对于给定的待测组分,固定液的极性是选择固定液的重要依据。一般可根据"相似性原则",即按被分离组分的极性或官能团与固定液相似的原则来选择。由于分离组分和固定液的极性或官能团等性质相似,它们之间的相互作用力较强,组分在固定液中的溶解度大,分配系数也大,保留值大,待测组分分开的可能性也大。

①分离非极性混合物。一般选用非极性固定液,各组分按沸点次序先后流出色谱柱,沸点

低的组分先出峰,沸点高的组分后出峰。如果非极性混合物中含有极性组分,当沸点相近时极性组分先流出。

②分离极性混合物。一般选用极性固定液,各组分主要按极性顺序分离,极性小的组分先流出,极性大的组分后流出。

③分离非极性和极性混合物一般选用极性固定液,则非极性组分最先流出,极性组分后流出。

④对于易形成氢键的试样,如醇、酚、胺和水等的分离。一般选择极性的或是氢键型的固定液,这时各组分按其与固定液分子形成氢键的能力大小先后流出,不易形成氢键的先流出,最易形成氢键的最后流出。

⑤对于复杂的难分离的物质,可选用两种或两种以上的混合物固定液,一般通过实验确定固定液的组成。

3)化学键合固定相

化学键合固定相是用化学反应的方法,使固定液和担体以化学键的形式牢固地结合在一起,这样既便于控制固定相的表面特性,又不会产生固定液的流失,明显提高了分离效能和热稳定性,并且所得色谱峰形对称。通常将固定液键合到多孔微球、球形多孔硅胶等的表面上,也可键合到开管毛细管柱的内表面上。

任务 8.3　气相色谱仪

8.3.1　工作过程

气相色谱仪的工作过程为:载气由高压钢瓶供给,经减压阀减压后,进入载气净化干燥管、稳压阀或稳流阀以及流量计后,再经过进样器(包括汽化室及温度控制装置),试样就从进样器注入,由不断流动的载气携带试样进入色谱柱,将各组分分离,各组分依次进入检测器后放空。检测器信号由记录系统记录下来,转换成相应的输出信号,并记录成色谱峰,各个峰代表混合物中的各个组分。其简单流程图如图 8.4 所示。

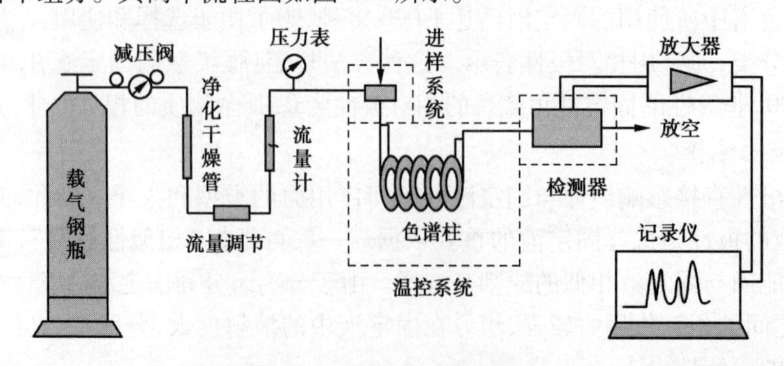

图 8.4　气相色谱仪流程图

8.3.2　基本构造

目前气相色谱仪型号繁多，但总的来说，GC 仪器的基本构造是相似的，主要由气路系统、进样系统、分离系统（色谱柱）、检测系统、温度控制系统以及数据处理系统构成。

1）气路系统

气路系统包括气源、气体净化器、气路控制系统。

气路控制系统的作用是将载气及辅助气进行稳压、稳流及净化干燥，以满足气相色谱分析的要求。常见的气路系统有单柱单气路和双柱双气路。载气常用的有 H_2，He，N_2，Ar 等。在实际应用中载气的选择主要是根据检测器的特性来决定，同时考虑色谱柱的分离效能和分析时间。载气的纯度、流速对色谱柱的分离效能、检测器的灵敏度均有很大影响，因此必须注意控制。

2）进样系统

进样系统包括进样器和汽化室。进样系统的功能是引入试样，并使试样瞬间汽化。

气体样品可用六通阀进样，进样量由定量管控制，可以按需要更换。液体样品可用微量注射器进样，重复性比较差，其外形与医用注射器相似，常用规格有 0.5，1，5，10 和 50 μL。大批量样品的常规分析常用自动进样器，重复性很好。在毛细管柱气相色谱中，由于毛细管柱样品容量很小，一般采用分流进样器，进样量比较多，样品汽化后只有一小部分被载气带入色谱柱，大部分被放空。

汽化室的作用是把液体样品瞬间加热变成汽体，然后由载气带入色谱柱。汽化室一般为一根在外管绕有加热丝的不锈钢管制成，温控范围为 50～500 ℃。

3）分离系统

分离系统主要由色谱柱组成，是气相色谱仪的心脏，其功能是使试样在柱内运行的同时得到分离。色谱柱分填充柱和毛细管柱两大类。填充柱是将固定相填充在不锈钢或玻璃材质的管中（常用内径 2～4 mm），长 1～10 m，内装颗粒状固定相，填充柱的形状有 U 型和螺旋型两种。

毛细管柱是用熔融二氧化硅拉制的空心管，也称弹性石英毛细管。通常柱内径为 0.1～0.5 mm，柱长为 30～200 m，绕成直径为 20 cm 左右的环状。用这样的毛细管作分离柱的气相色谱称为毛细管气相色谱或开管柱气相色谱，其分离效率比填充柱要高得多。

色谱柱的分离效果除与柱长、柱径和柱形有关外，还与所选用的固定相和柱填料的制备技术以及操作条件等许多因素有关。

4）检测器

检测器是将被分离的组分信息转变为电信号的装置。检测器的选择要依据分析对象和目的来确定。根据测量原理的不同，可分为浓度型检测器和质量型检测器。浓度型检测器测量的是载气中某组分浓度瞬间的变化，即检测器的响应值和组分的浓度成正比，如热导池检测器和电子捕获检测器等。质量型检测器测量的是载气中某组分进入检测器的速度变化，即检测器的响应值和单位时间内进入检测器某组分的质量成正比，如氢火焰离子化检测器和火焰光度检测器等。

(1)热导池检测器

热导池检测器(TCD)是利用被检测组分与载气热导率的差别来响应的浓度型检测器,具有结构简单、测定范围广、稳定性好、线性范围宽、样品不被破坏等优点。因此,在气相色谱中得到广泛应用,但缺点是灵敏度低,一般适宜作常量分析。

①热导池结构。热导池由金属池体(铜块或不锈钢制成)和装入池体内两个完全对称孔道内的热敏元件(由钨丝、铂丝或铼钨合金丝制成)组成。

②工作原理。热导池电路采用惠斯登电桥形式,利用一个孔道内的热敏元件作为参比臂 R_1,另外一个孔道内的热敏元件作为测量臂 R_2,在安装仪器时,挑选配对钨丝使 $R_1=R_2$。参比臂接在色谱柱前,只有载气通过;测量臂接在色谱柱后,除有载气通过外,还有经色谱柱分离后的组分气体随载气通过。R_1,R_2 与两个阻值相等的固定电阻 R_3 和 R_4 构成惠斯登电桥,如图 8.5 所示。在没有任何外界条件影响的情况下,电桥处于平衡状态,$R_1/R_2=R_3/R_4$,即 $R_1 \cdot R_4=R_2 \cdot R_3$。

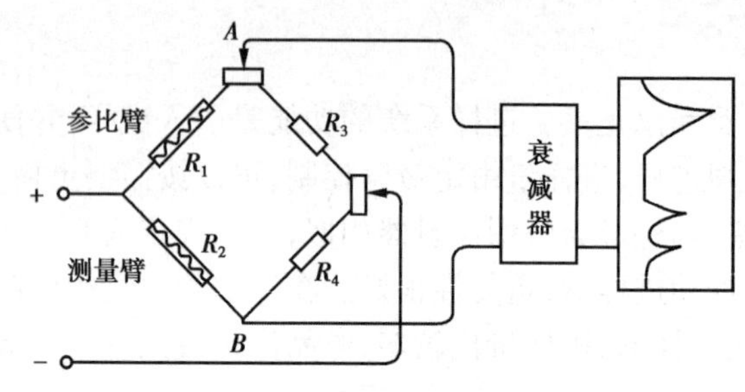

图 8.5　热导池工作原理示意图

通电后热敏元件温度发生改变。当热导池的参比臂和测量臂都只有载气通过时,两臂发热量和载气所带走的热量均相等,故两臂温度变化恒定,R_1 与 R_2 阻值的改变量 ΔR_1 与 ΔR_2 是相等的。此时电桥平衡,没有电流输出,因此没有信号产生,记录仪上记录的是一条直线。

当参比臂只通过载气,而测量臂有载气和样品通过时,因两臂通过的物质不同,故带走的热量不同,两臂温度变化有区别,此时 ΔR_1 与 ΔR_2 不相等,电桥失去平衡,有电信号产生,记录仪上出现色谱峰。

③注意事项。热导池检测器使用时先通载气后通热导工作电流,在长期停机后重新启动操作时,应先通载气 15 min 以上,然后再加热导工作电流,以保证热导元件不被氧化或烧坏。关机时先关闭检测器的工作电流,在柱箱和检测器温度降到 70 ℃以下,才能关闭气源。一般情况下,检测器的温度波动应小于 ±0.01 ℃,载气流量波动应小于 ±1%。常用氢气或氮气作载气,不能用氨气作载气。

(2)氢火焰离子化检测器

氢火焰离子化检测器(FID)是目前应用最广泛的色谱检测器之一。具有灵敏度高,检出限低,能检测大多数含碳有机化合物,响应速度快,线性范围宽等特点。但是不能检测水、一氧化碳、二氧化碳、氮的氧化物、硫化氢等物质。

①氢火焰离子化检测器的结构。氢火焰离子化检测器主要部分是一个离子室(图 8.6)。离子室一般用不锈钢制成,包括气体入口、火焰喷嘴、一对电极和外罩。

②工作原理。被测组分被载气携带,从色谱柱流出,与氢气混合一起进入离子室,由毛细管喷嘴喷出。氢气在空气的助燃下经引燃后进行燃烧,以燃烧所产生的高温(约 2 100 ℃)火

焰为能源,使被测有机物组分电离成正负离子。在氢火焰附近设有收集极(正极)和极化极(负极),在两极之间加有150～300 V的极化电压,形成一直流电场。产生的离子在收集极和极化极的外电场作用下定向运动形成电流。

③注意事项。氢火焰离子化检测器需要使用3种气体即,氮气作载气、氢气作燃气、空气作助燃气。3种气体流量比例要适当,否则会影响火焰温度及组分的电离过程。通常三者的比例是氮气∶氢气∶空气＝1∶(1～1.5)∶10。

氢火焰离子化检测器属质量型检测器,在进样量一定时,峰高与载气流速成正比,因此,当用峰高定量时,需保持载气流速恒定。

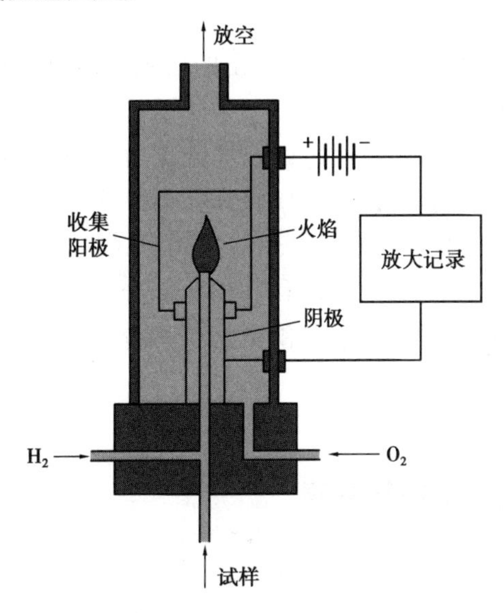

图8.6 氢火焰离子化检测器结构图

氢火焰中生成的离子只有在电场作用下才能向两极定向运动形成电流,因此,极化电压的大小直接影响响应值。极化电压低,电流信号小;当极化电压增大到一定值时,再增大电压,则对电流几乎无影响。一般选用的极化电压为150～300 V。

【知识拓展】

气相色谱常用检测器还有电子捕获检测器和火焰光度检测器,几种检测器的性能和用途比较见表8.1。

表8.1 几种检测器的性能和用途比较

类型 性能	热导池检测器	火焰离子化检测器	电子捕获检测器	火焰光度检测器
类　型	浓度	质量	浓度	质量
通用性或选择性	通用	基本通用	选择	选择
检测限	10^{-8} mg/mL	10^{-13}g/s	10^{-14}g/mL	10^{-13} g/s(P) 10^{-11} g/s(S)
适用范围	有机物和无机物	含碳有机物	卤素及亲电子物质、农药	含硫、磷化合物、农药

5）温度控制系统

温度控制系统用于设置、控制和测量汽化室、色谱柱和检测室3处的温度。

汽化室温度应使试样瞬间汽化而又不分解，通常选择稍高于试样沸点的温度。对于不稳定性样品，可采用高灵敏度检测器。

柱室温度的变动会引起柱温的变化，从而影响色谱柱的选择性和柱效。因此，柱室的温度控制要求精确。温控方法根据需要可以恒温，也可以程序升温。程序升温方式应根据样品中组分的沸点分布范围来选择，可以是线性或多阶线性等。

6）数据处理系统

数据处理系统最基本的功能是将检测器输出的模拟信号随时间的变化曲线（即色谱图）画出来，给出样品的定性、定量结果。

早期常用的数据处理系统有记录仪、色谱数据处理机。目前多采用配备操作软件包的工作站，用计算机控制，既可对色谱数据进行自动处理，又可对色谱系统的参数进行自动控制。

色谱工作站是于20世纪70年代后期出现的，是由一台微型计算机来实时控制色谱仪器、并进行数据采集和处理的一个系统，由硬件和软件两部分组成。硬件是一台微型计算机。软件主要包括色谱仪实时控制程序、峰识别和峰面积积分程序、定量计算程序及报告打印程序等。

8.3.3 气相色谱仪的维护与保养

1）载气系统

载气系统最主要的维护工作就是检漏，可采用厂家提供的检漏液或者自行配制肥皂水振摇起泡，涂抹在管路连接或阀等有缝隙的地方查看。检漏工作应定期进行，周期视实际情况而定。每次更换气瓶、减压阀等也需检漏。需要注意的是，不要将载气管路长时间放空，应采用堵头堵住两端，尽量避免空气进入载气管路。

净化管有很多种选择，主要有氧气净化管、水分净化管、烃类净化管、综合净化管等。除了部分水分及烃类净化管可以再生处理以外，一般均为一次性使用，寿命视实际情况而定。

2）进样系统

如发现进样口压力下降，可检查是否隔垫磨损严重，必要时更换。安装更换隔垫拧得过紧，会导致隔垫过于收缩、变硬，进样时隔垫易产生碎屑，一般以不漏气稍紧一些即可。

衬管在GC中主要起样品汽化室的作用，样品在衬管中汽化并被带入气相中。衬管清洗主要用纯水、甲醇或无水乙醇等冲洗或超声清洗，污染严重可用棉签轻轻擦拭，然后放置到烘箱70 ℃烘干后干燥冷却密封存放即可。金属密封垫有污染情况可卸下用纯水或有机溶剂超声清洗。

3）分离系统

新制备的填充柱在使用前必须经过老化处理，在室温下将色谱柱的入口端与进样器相连结，然后接通载气，调节载气流速为10～20 mL/min，再以程序升温的方式缓慢将柱温升至比使用温度高20 ℃，并在此温度下老化4～8 h。如果使用氢气作载气，还应注意将出口端流出的氢气引出室外。毛细管柱的老化程序可在比最高分析温度高 20 ℃或最高柱温的条件下老化柱子 2 h。

4)检测系统

TCD 检测器主要维护工作为热丝维护和热导池维护。当 TCD 不使用时,关闭或大大降低热丝电流也可延长热丝寿命。

FID 检测器的维护工作大部分围绕清洗喷嘴进行。另外,在平时需要不时地测定氢气、空气和尾吹气流速。清洗喷嘴,一定要小心,不要划伤喷嘴内部,划痕将会损坏喷嘴。

除此之外,还需注意以下事项:严格按照说明书要求,进行规范操作;仪器应有良好的接地,使用稳压电源,避免外部电器的干扰;使用高纯载气,纯净的氢气和压缩空气,尽量不用氧气代替空气;确保载气、氢气、空气的流量和比例适当、匹配,一般指导流速依次为载气 30 mL/min、氢气 30 mL/min、空气 300 mL/min。针对不同的仪器特点,可在此基础上作适当调整;经常进行试漏检查(包括进样垫);注射器要经常用溶剂(如丙酮)清洗。试验结束后,应立即清洗干净;要尽量用磨口玻璃瓶作试剂容器;避免超负荷进样;对于欠稳定的物质,最好用溶剂稀释后再进行分析,这样可以减少样品的分解;尽量采用惰性好的玻璃柱(如硼硅玻璃、熔融石英玻璃柱);做完试验,用适量的溶剂(如丙酮等)冲一下柱子和检测器。

任务 8.4　操作条件的选择

混合试样色谱分离的实际效果,同时取决于组分间的分配系数差异和柱效的高低。前者主要决定于固定相的选择,后者则主要决定于色谱操作条件的选择。因此,在选择了合适的固定相之后,色谱操作条件的选择就成为试样中各组分,特别是难分离相邻组分能否实现定量分离的关键。

8.4.1　载气与流速

根据范弟姆特方程式 $H = A + B/u + C_u$ 可知,u 是 H 的函数。用在不同流速下测得的塔板高度 H 对流速 u 作图,得 H-u 曲线图,如图 8.7 所示。

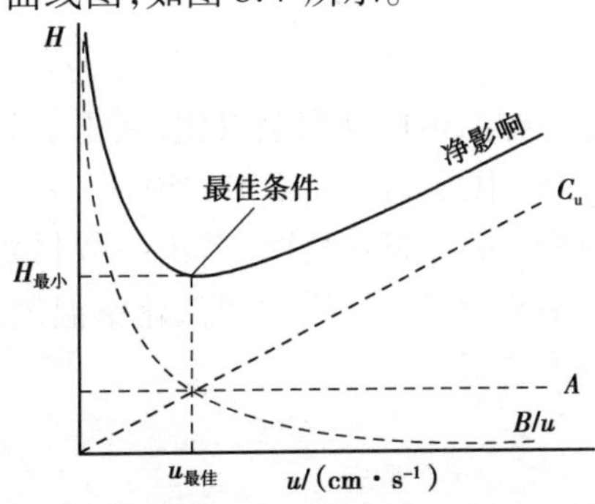

图 8.7　塔板高度与载气流速的关系

在曲线的最低点，塔板高度 H 最小，此时柱效最高，该点所对应的流速即为最佳载气流速，在实际分析中，为了缩短分析时间，往往是载气流速稍大于最佳流速。从图 8.7 可知，当载气流速较小时，纵向扩散项 B_u 是色谱峰扩张的主要因素，为减小纵向扩散，应采用相对分子质量较大的载气，如氮气、氩气；当载气流速较大时，传质阻力项 C_u 为控制因素，此时则宜采用相对分子质量较小的载气，如氢气或氦气。另外，选择载气时还要考虑不同检测器的适应性。

8.4.2 进样时间和进样量

在进行气相色谱分析时，进样速度必需很快，一般在 1 s 之内，这样可以使样品在汽化室汽化后随载气以“塞子”状态进入柱内，而不被载气所稀释，因而峰的原始宽度就窄，有利于分离；反之，若进样缓慢，样品汽化后被载气稀释，使峰形变宽，并且不对称，既不利于分离也不利于定量。

进样量要适当，应控制在峰高峰面积与进样量呈线性关系。进样量过大，所得到的色谱峰不对称程度增加，峰变宽，分离度变小，保留值发生变化，无法进行分析。进样量太小，又会因检测器灵敏度不够，不能检出。色谱柱最大允许进样量可通过实验确定。一般情况下，对于填充柱，气体进样量为 0.1 ~ 1 mL；液体进样量为 0.1 ~ 10 μL。

8.4.3 色谱柱温度

柱温是气相色谱的重要操作条件，柱温直接影响色谱柱使用寿命、柱的选择性、柱效能和分析速度。柱温低有利于分配和组分的分离；但柱温过低，被测组分可能在柱中冷凝，或者传质阻力增加，使色谱峰扩张，甚至拖尾。柱温高，虽有利于传质，但分配系数变小不利于分离。一般通过实验选择最佳柱温。原则是：使物质既分离完全，又不使峰形扩张、拖尾。柱温一般选各组分沸点平均温度或稍低些。

当被分析组分的沸点范围很宽时，用同一柱温往往造成低沸点组分分离不好，而高沸点组分峰形扁平，此时采用程序升温的办法就能使高沸点及低沸点组分都能获得满意结果。在选择柱温时，还必须注意：柱温不能高于固定液最高使用温度，否则会造成固定液大量挥发或流失。同时，柱温至少必须高于固定液的熔点，这样才能使固定液有效地发挥作用。

8.4.4 汽化温度

合适的汽化室温度既能保证样品迅速且完全汽化，又不引起样品分解。一般汽化室温度比柱温高 30 ~ 70 ℃或比样品组分中最高沸点高 30 ~ 50 ℃，就可以满足分析要求。温度是否合适，可通过实验来检查。检查方法：重复进样时，若出峰数目变化，重现性差，则说明汽化室温度过高；若峰形不规则，出现平头峰或宽峰则说明汽化室温度太低；若峰形正常，峰数不变，峰形重现性好则说明汽化室温度合适。

任务8.5　气相色谱分析方法的应用

8.5.1　定性分析方法

1)与标准物对照的定性方法

(1)利用保留时间定性

在相同色谱条件下,将标准物和样品分别进样,两者保留值相同,可能为同一物质。此方法要求操作条件稳定、一致,必须严格控制操作条件,尤其是流速,且需有样品的标准物。在不同仪器上获得的数据之间没可比性,不能作为定性依据。

(2)利用相对保留值定性

为了消除控制操作条件的局限,常采用相对保留值 $r_{2.1}$ 进行定性分析。因为 $r_{2.1}$ 仅与柱温和固定相性质有关。在色谱手册中都列有各种物质在不同固定液上的保留数据,可以用来进行定性鉴定。

(3)利用双色谱系统定性

在同一根色谱柱上,不同的物质仍可能有相同的保留值。因此,可分别在选择性不同的两根柱子上进行分离,若仍能显示保留值相同的现象,则可证实两者为相同的物质。

(4)利用峰高增量定性

若样品复杂,流出峰距离太近或操作条件不易控制,可将已知物加到样品中,混合进样,若被测组分峰高增加了,则可能含有该已知物。

2)与其他分析仪器联用的定性方法

由于色谱法定性有其局限性,现采用更多的是色谱与质谱、红外光谱等联用进行组分的结构鉴定。气质联用技术是最有效的定性鉴别方法,目前已有专门的谱库可查,可推测鉴别未知成分。

8.5.2　定量分析

定量分析的任务是求出混合样品中各组分的百分含量。色谱定量分析的依据是,在一定操作条件下,分析组分 i 的质量(m_i)或其在载气中的浓度是与检测器的响应信号(色谱图上表现为峰面积 A_i 或峰高 h_i)成正比的,可写成:

$$m_i = f_i \cdot A_i \text{ 或 } m_i = f_i \cdot h_i \tag{8.12}$$

由式(8.12)可知,在色谱定量分析中需要:准确测量峰面积或峰高;准确求出比例常数 f_i;根据式(8.12)正确选用定量计算方法,将峰面积换算为质量分数。

1)定量校正因子

色谱定量分析的依据是被测组分的量与其峰面积成正比。但是峰面积的大小不仅取决于组分的质量,而且还与它的性质有关。即当两个质量相同的不同组分在相同条件下使用同一检测器进行测定时,所得的峰面积却不相同。这样,就不能直接利用峰面积计算物质的含量。为了使峰面积能真实地反映出物质的质量,就要对峰面积进行校正,即在定量计算时引入校正因子。

(1)绝对校正因子 f_i

在一定操作条件下,某组分 i 的进样量(m_i)与检测器的响应信号(A_i 或 h_i)成正比,即

$$m_i = f_i A_i \text{ 或 } f_i = \frac{m_i}{A_i} \tag{8.13}$$

式中 f_i——绝对校正因子,也就是单位峰面积所代表组分的量。

m_i——组分 i 的量,它可以是质量,也可以是物质的量或体积(对气体)。

由于绝对校正因子不易准确测定,没有统一标准,无法直接引用,故在实际工作中常用相对校正因子。

(2)相对校正因子 f'_i

某一组分与标准物质的绝对校正因子之比值称为相对校正因子,用符号 f'_i 表示。相对校正因子是仅与检测器类型和标准物质有关,而与操作条件无关。在使用中常省去"相对"二字。

f'_i 值可自文献中查出引用。若文献中查不到所需的 f'_i 值,也可以自行测定。常用的标准物质,对热导检测器(TCD)是苯,对氢焰检测器(FID)是正庚烷。测定时首先准确称量标准物质和待测物的纯品,然后将它们混合均匀进样,分别测出其峰面积,再按式(8.14)进行计算

$$f'_i = \frac{f_i}{f_s} = \frac{m_i/A_i}{m_s/A_s} = \frac{m_i}{m_s} \times \frac{A_s}{A_i} \tag{8.14}$$

2)常用的定量计算方法

(1)归一化法

若试样各组分都出峰,则可用归一化法定量。假设试样中有 n 个组分,每个组分的质量分别为 $m_1, m_2, \cdots, m_n$,各组分含量的总和为 m,其中组分 i 的质量分数 w_i 可按式(8.15)计算

$$W_i = \frac{m_i}{m} \times 100\% = \frac{m_i}{m_1 + m_2 + \cdots + m_n} \times 100\% = \frac{A_i f_i}{A_1 f_1 + A_2 f_2 + \cdots + A_n f_n} \times 100\% \tag{8.15}$$

归一化法的优点是简单、准确。操作条件,如进样量、流速等变化时对定量结果影响不大。但此法在实际工作中仍有一些限制,比如,样品的所有组分必须全部流出,且出峰。某些不需要定量的组分也必须测出其峰面积及 f_i 值。此外,测量低含量尤其是微量杂质时,误差较大。

(2)内标法

当只需要测定试样中某几个组分时,试样中所有组分不能完全出峰时,可采用此法。

内标法是将准确称取的一定量的纯物质作为内标物,加入准确称取的试样中,根据被测物和内标物的质量及其在色谱图上相应的峰面积,求出某组分的含量。例如,要测定试样(质量为 m)中组分 i(质量为 m_i)的质量分数 w_i,可于试样中加入质量为 m_s 的内标物,则

$$m_i = f_i A_i, \quad m_s = f_s \cdot A_s$$

$$\frac{m_i}{m_s} = \frac{f_i \cdot A_i}{f_s \cdot A_s} \qquad m_i = \frac{f_i \cdot A_i}{f_s \cdot A_s} \cdot m_s$$

$$w_i = \frac{m_i}{m} \times 100\% = \frac{f_i \cdot A_i}{f_s \cdot A_s} \cdot \frac{m_s}{m} \times 100\% \tag{8.16}$$

内标法是通过测量内标物及欲测组分的峰面积的比值来计算的，故因操作条件变化引起的误差可抵消，可得到较准确的结果。内标法的准确性较高，适用于微量组分的测定。内标物要满足以下要求：

①试样中不含有该物质；

②与被测组分性质（如挥发度、化学结构、极性以及溶解度等）比较接近；

③不与试样发生化学反应；

④出峰位置应位于被测组分附近，且无组分峰影响。

【例8.1】　已知某试样含甲酸、乙酸、丙酸、水及苯等。现称取试样1.055 g，内标为0.1 907 g的环己酮。混合后，取3 μL试液进样，从色谱流出曲线上测量出峰面积及有关的相对响应值列于表8.2中。

表8.2　峰面积及相对相应值

出峰次序	甲　酸	乙　酸	环己酮	丙　酸
峰面积 A_i	15.8	74.6	135	43.4
响应值	0.261	0.562	1.00	0.938

求甲酸、乙酸、丙酸的质量分数。

解　因为水、苯等没有电信号，不能用归一化法计算，应利用内标法定量

计算时把相对响应值换算为相对校正因子，即 $f_i = \dfrac{1}{s_i}$

根据内标法公式

$$w_{甲酸} = \frac{m_{甲酸}}{m_{试样}} \times 100\% = \frac{A_{甲酸}}{A_{内标}} \times \frac{m_{内标}}{m_{试样}} \times \frac{f_{甲酸}}{f_{内标}} \times 100\%$$

$$= \frac{15.8}{135} \times \frac{0.190\ 7}{1.055} \times \frac{1}{0.26} \times 100\% = \frac{0.085\ 8}{1.055} \times 100\% = 8.13\%$$

同理

$$w_{乙酸} = \frac{74.6}{135} \times \frac{0.190\ 7}{1.055} \times \frac{1}{0.562} \times 100\% = \frac{0.188}{1.055} \times 100\% = 17.77\%$$

$$w_{丙酸} = \frac{43.4}{135} \times \frac{0.190\ 7}{1.055} \times \frac{1}{0.938} \times 100\% = \frac{0.065\ 4}{1.055} \times 100\% = 6.20\%$$

(3)外标法

外标法也称为标准曲线法。当样品中各组分不能完全流出，又没有合适内标物时，可采用此方法。将待测组分的纯物质配制不同浓度的系列标准溶液，在相同操作条件下定量进样，测定系列标样的峰面积 A 或峰高 h，绘制 A-c 曲线或 h-c 曲线（图8.8）。在完全相同条件下，测待测样品，根据待测组分的 A 或 h，从曲线上查出待测组分含量。

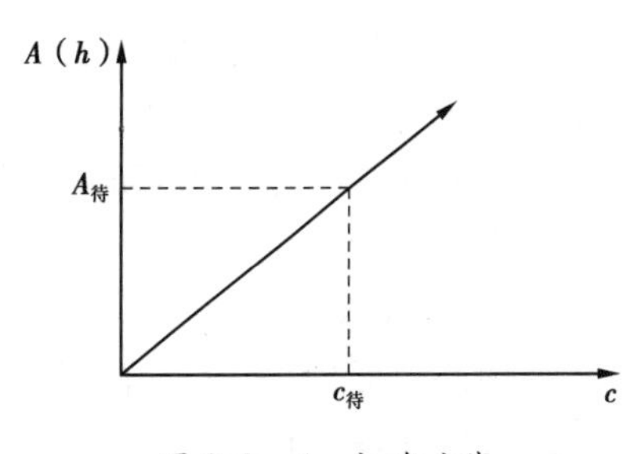

图8.8　A-c标准曲线

在已知组分标准曲线呈线性的情况下，可不必绘制标准曲线，用单点外标法测定。即配制一个与试样中待测组分浓度接近的标准溶液，在同一条件下定量进样分析标准溶液和试样溶

液，利用两者的色谱峰面积或峰高之比，计算被测组分的量。其计算关系式为

$$m_i = \frac{A_i}{A_s} m_s \text{ 或 } w_i = \frac{A_i}{A_s} w_s$$

外标法不使用校正因子，不需要所有组分出峰，准确性较高，但操作条件的变化对结果准确性影响较大，对进样量的准确性控制要求较高，适用于大批量试样的快速分析。

【技能实训】

实训 8.1　气相色谱法测定冰片中龙脑的含量

【实训目的】

(1)熟悉气相色谱仪的使用方法。

(2)掌握气相色谱法测定挥发性成分含量的方法及原理。

【基本原理】

冰片为龙脑和异龙脑的混合物，具挥发性。因此，本实验采用 GC 法对合成冰片所含龙脑进行测定，并用内标法计算含量。

【仪器与试剂】

(1)仪器：气相色谱仪、FID 检测器、微量进样器、电子天平、容量瓶(10 mL 2 个，25 mL 1 个)。

(2)试剂：乙酸乙酯(AR)、水杨酸甲酯对照品、龙脑对照品(中国药品生物制品检定所)、合成冰片(市售品)。

【实验步骤】

1)色谱条件

(1)色谱柱：弱极性柱 OV-1(30 m × 0.53 mm ID × 1.0 μm，100% 聚二甲基聚硅氧烷)。

(2)柱温：初始 70 ℃，保持 2 min，以 9 ℃/min 升至 180 ℃，保持 1 min。

(3)进样口载气温度：200 ℃，不分流。

(4)前检测器温度：300 ℃。

(5)载气 N_2 柱前压：100 kPa 左右。

(6)H_2：50 kPa。

(7)空气：50 kPa。

(8)理论塔板数：按龙脑峰计算不低于 1‰。

(9)分离度：$R>1.5$。

(10)对称因子：$T=0.95-1.05$。

2)实验用溶液的配制

(1)内标溶液配制：精密称取水杨酸甲酯 125 mg，置 25 mL 量瓶中，加乙酸乙酯至刻度，摇

匀，作为内标溶液（$c_{\text{水杨酸甲酯}}=5\ \mu g/\mu L$）。

（2）对照溶液配制：精密称取龙脑对照品 10 mg，置 10 mL 量瓶中，加内标溶液至刻度，摇匀，作为龙脑对照溶液（$c_{\text{龙脑}}=1\ \mu g/\mu L$）。

（3）样品溶液配制：精密称取合成冰片 50 mg，置 10 mL 量瓶中，加内标溶液使冰片溶解并稀释至刻度，摇匀，作为样品溶液（$c_{\text{冰片}}=5\ \mu g/\mu L$）。

3）测定

分别吸取上述步骤 2）中的（2）和（3）中各溶液 0.2 μL，注入气相色谱仪，进行测定。

4）计算冰片中龙脑的百分含量（保留 3 位有效数字）

【注意事项】

（1）实验前，必须对气相色谱仪整个气路系统进行检漏。如有漏气，及时处理。

（2）开机前先通气，实验结束，先降温、关机，后关气。

（3）由于样品中挥发性成分较多，样品干燥时，要注意方法和温度。

【思考题】

（1）气相色谱仪常用的检测器有哪几种？并说明其特点。

（2）含有哪些成分的药物可以用 GC 法分析？

实训 8.2　气相色谱法测定藿香正气水中乙醇的含量

【实训目的】

（1）熟悉气相色谱仪的工作原理和操作方法。

（2）掌握 GC 内标法测定药物含量的方法与计算。

【实验原理】

乙醇具有挥发性，可采用气相色谱法测定各种制剂在 20 ℃时乙醇的含量。因中药制剂中所有的组分并非都能全部出峰，故采用内标法定量。药典规定，藿香正气水中乙醇含量应为 40%～50%。

【仪器与药品】

（1）仪器：气相色谱仪、火焰离子化检测器（FID）、HP-5 石英毛细管柱、5 mL 吸量管（2 支）、100 mL 容量瓶（2 个）、微量进样器。

（2）药品：无水乙醇（AR）对照品、正丁醇（AR）内标物、藿香正气水。

【实验内容】

1）色谱条件

色谱柱：HP-5 石英毛细管柱（30.0 m×320 μm），进样器温度：200 ℃，柱温：80 ℃，检测器温度：250 ℃，理论板数应不低于 2 000，样品与内标物质峰的分离度应大于 2。

2)实验用溶液的配制

(1)标准溶液的制备:精密量取恒温至20 ℃的无水乙醇对照品和正丁醇内标各5 mL,至100 mL量瓶中,加水稀释至刻度,摇匀,得标准溶液。

(2)供试液的制备:精密量取恒温至20 ℃的藿香正气水10 mL和正丁醇5 mL,至100 mL量瓶中,加水稀释至刻度,摇匀,得供试品溶液。

(3)校正因子测定:取标准溶液1~2 μL,连续注入气相色谱仪3次,记录峰面积值,算出平均值,计算校正因子。

(4)供试液的测定:取供试液1~2 μL,连续注入气相色谱仪3次,记录峰面积值,计算,即得。

【注意事项】

(1)在分离度达到要求的情况下尽可能选择低的柱温。

(2)开机时,要先通载气,再升高汽化室、检测室温度和分析柱温度。

(3)为使检测室温度始终高于分析柱温度,可先加热检测室,待检测室温度升至近设定温度时再升高分析柱温度。

(4)关机前须先降温,待柱温降至50 ℃以下时,才可停止通载气、关机。

(5)为获得较好的精密度和色谱峰形状,进样时速度要快而果断,并且每次进样速度、留针时间应保持一致。

一、选择题

1. 在气相色谱分析中,用于定性分析的参数是(　　)。
A. 保留值　B. 峰面积　C. 分离度　D. 半峰宽

2. 在气相色谱分析中,用于定量分析的参数是(　　)。
A. 保留时间　B. 保留体积　C. 半峰宽　D. 峰面积

3. 使用热导池检测器时,应选用(　　)气体作载气,其效果最好。
A. H_2　B. He　C. Ar　D. N_2

4. 在气-液色谱分析中,良好的载体为(　　)。
A. 粒度适宜、均匀,表面积大
B. 表面没有吸附中心和催化中心
C. 化学惰性、热稳定性好,有一定的机械强度
D. 以上三者均是

5. 热导池检测器是一种(　　)。
A. 浓度型检测器　B. 只对含碳、氢的有机化合物有响应的检测器
C. 质量型检测器　D. 只对含硫、磷化合物有响应的检测器

6. 使用氢火焰离子化检测器时,应选用(　　)气体作载气最合适。
A. H_2　B. He　C. Ar　D. N_2

7. 下列因素中，对气相色谱分离效率最有影响的是（　　）。
A. 柱温　　B. 载气的种类　　C. 柱压　　D. 固定液膜厚度
8. 气－液色谱中，保留值实际上反映的物质分子间的相互作用力是（　　）。
A. 组分和载气　　B. 载气和固定液
C. 组分和固定液　　D. 组分和载体、固定液
9. 柱效率用理论塔板数 n 或理论塔板高度 H 表示，柱效率越高，则（　　）。
A. n 越大，H 越小　　B. n 越小，H 越大
C. n 越大，H 越大　　D. n 越小，H 越小
10. 如果试样中组分的沸点范围很宽，分离不理想，可采取的措施为（　　）。
A. 选择合适的固定相　　B. 采用最佳载气线速
C. 程序升温　　D. 降低柱温
11. 衡量色谱柱总分离效能的指标是（　　）。
A. 塔板数　　B. 分配系数　　C. 分离度　　D. 相对保留值
12. 提高柱温会使各组分的分配系数 K 值（　　）。
A. 增大　　B. 变小
C. 视组分性质而增大或变小　　D. 呈非线变化

二、填空题

1. 气相色谱法是以__________为流动相的色谱法，主要用于分离分析__________物质。
2. 气相色谱法常用的载气有__________、__________、__________。
3. 气相色谱法根据固定相的不同又可分为__________法和__________法。
4. 气相色谱分析的基本过程是：通过进样口进样，样品在汽化室__________后，被载气带入__________分离，然后各组分依次流经__________，它将各组分的物理或化学性质的变化转换成电量变化输给记录仪，描绘成色谱图。
5. 气相色谱的仪器一般由__________、__________、__________、__________和__________组成。

三、问答题

1. 简要说明气相色谱分析法的分离原理。
2. 气相色谱仪的基本组成包括哪些部分？各有什么作用？
3. 什么是色谱图？从一张色谱图上可获得哪些信息？
4. 对担体和固定液有何要求？选择固定液的原则是什么？
5. 色谱定性的依据是什么？主要有哪些定性方法？
6. 有哪些色谱定量方法？试述它们的特点及适用情况。

四、计算题

按药典规定用气相色谱外标法测定麝香中麝香酮的含量。对照品溶液浓度为 2.00 mg/mL，供试品溶液按生药质量计算出的浓度为 101.6 mg/mL。取同样体积进样，对照品和供试品的峰面积分别为 1 157 260 和 1 557 732，求供试品中麝香酮的含量。

项目9　高效液相色谱分析技术

【知识目标】

了解高效液相色谱法的应用；熟悉高效液相色谱仪的主要结构部件、定性与定量分析方法；掌握高效液相色谱法的主要类型和原理、固定相、流动相的选择条件。

【技能目标】

会操作高效液相色谱仪，能用仪器对待测组分进行分离和分析；会利用内标法、外标法等对待测物含量进行计算。

【项目简介】

高效液相色谱法（High Performance Liquid Chromatography，HPLC），是20世纪70年代在经典液相色谱法（Liquid Chromatography，LC）的基础上引入气相色谱的理论和技术，采用高压泵、高效固定相以及高灵敏度检测器发展而成的分离分析方法。可用于分离混合物并对各组分进行定性或定量分析。该方法具有分离效能高、选择性好、分析速度快；灵敏度高、自动化程度高、适用范围广等特点，已成为医药、食品、化工、环境、商检和法检等学科领域中重要的分离分析技术。

【工作任务】

任务9.1　高效液相色谱法概论

9.1.1　高效液相色谱法分类

高效液相色谱法按固定相的聚集状态可分为液－液色谱法（LLC）和液－固色谱法（LSC）两大类。按分离原理的不同，又可分为吸附色谱法、分配色谱法、化学键合相色谱、离子交换色谱法、凝胶色谱法等。而随着高效液相色谱法的发展，许多新方法相继涌现。

1）液－固吸附色谱

以固体吸附剂为固定相，以液体为流动相，根据各组分在固定相上吸附能力的差异而分离的色谱法，称为液－固吸附色谱法（Liquid-Solid Adsorption Chromatography，LSC）。

吸附能力取决于吸附剂的物理化学性质、体表面积、被分离组分的结构以及流动相的性质，常用作固定相的极性吸附剂有硅胶、氧化铝、氧化镁、聚酰胺、分子筛等，非极性吸附剂有活性炭等。

常用的流动相是各种极性不同的溶剂。如以极性吸附剂为固定相，分析极性大的试样应选择极性较强的流动相，极性小的试样应选择极性较小的流动相。

液－固吸附色谱法适用于分离相对分子质量中等的脂溶性试样、具有不同极性官能团的化合物和异构体。该方法的缺点是色谱法易出现拖尾现象。

2）液－液分配色谱法

流动相与固定相都是液体，依据样品组分在固定相和流动相之间分配系数不同（溶解度不同）而分离的色谱法，称为液－液色谱法（Liquid-Liquid Chromatography，LLC）。

液－液分配色谱固定相包括载体和固定液两部分，载体常用硅胶等物质。将固定液用机械或物理方法涂渍于载体表面。根据固定液和流动相的极性不同，液－液分配色谱又可分为正相色谱和反相色谱。

正相色谱固定液极性大于流动相极性，极性小的组分先出柱，极性大的组分后出柱，适于分离极性组分。反相色谱固定液极性小于流动相极性，极性大的组分先出柱，极性小的组分后出柱，适于分离非极性组分。

液－液分配色谱的优点是分离重现性好、样品容量高、分离的样品范围广；缺点是在高压溶剂的冲刷下，固定液容易流失，使得柱效能降低，大大地限制了该色谱法的应用，已逐渐被化学键合相色谱所替代。

3）化学键合相色谱

借助化学反应将有机分子以共价键连接在色谱担体（硅胶）上而获得的固定相称为化学键合相。

以化学键合相为固定相，利用样品组分在化学键合相和流动相中的分配系数不同而得以分离的色谱法，称为化学键合相色谱法（Bonded Phase Chromatography，BPC），简称键合相色谱。键合相色谱法具有稳定性好、耐溶剂冲洗、使用周期长、柱效高、重现性好、可使用的流动相和键合相种类多、分离的选择性高等特点，因此，在高效液相色谱的整个应用中占到了80%以上。

根据键合相与流动相极性的相对强弱，键合相色谱法分为正相键合相色谱法和反相键合相色谱法。

（1）正相键合相色谱法

正相键合相色谱法采用极性键合相作为固定相（即键合的是极性基团，如氰基、氨基、二羟基等），以非极性或弱极性有机溶剂为流动相，主要根据化合物在固定相及流动相中分配系数的不同进行分离。可用于分离极性物质，极性小的组分先出柱，极性大的组分后出柱。该方法不适于分离几何异构体。

(2)反相键合相色谱法

反相键合相色谱法采用非(弱)极性键合相作为固定相(即键合的基团为弱极性基因,常用的是十八烷基硅烷键合硅胶),以极性溶剂(如甲醇水溶液、乙腈水溶液)为流动相,可用于分离非极性或弱极性物质,极性大的组分先出柱,极性小的组分后出柱。

4)离子交换色谱

以离子交换剂为固定相,以缓冲溶液为流动相,其主要根据固定相对待测离子对的亲和力的差异来实现分离的色谱法,称为离子交换色谱法(Ion Exchange Chromatography,IEC)。

在离子交换色谱中,样品离子与离子交换剂上带固定电荷的活性交换基团之间发生离子交换,不同的样品离子对离子交换剂的亲和力不同,或者说相互作用不同,作用弱的溶质不易被保留,先出柱;反之,作用强的,保留较长,后出柱。

离子交换色谱可用于分离离子型化合物,如无机阳离子和阴离子;可电离的有机物,如氨基酸、核苷酸等。

5)凝胶色谱

凝胶色谱法又称为空间排阻色谱法(Size Exclusion Chromatography,SEC),是以表面具有不同大小(一般为几个纳米到数百个纳米)孔穴的凝胶为固定相,以有机溶剂(或水)为流动相的色谱法。

样品分子依靠自身体积大小的不同在固定相和流动相之间得以分离。样品进入色谱柱后,随流动相在凝胶外部间隙以及孔穴间通过。样品中的一些分子由于体积太大不能通过凝腔孔穴,直接离开色谱柱;另外,一些体积太小的分子可进入凝胶空穴而渗透到颗粒中,在色谱柱中停留时间最长,即大分子先出柱,小分子后出柱。

相对分子质量为 $1\times10^2\sim8\times10^5$ 的任何类型化合物,只要在流动相中可溶,都可用凝胶色谱法,但是只能分离相对分子质量差别在10%以上的分子;体积大小相似、相对分子质量接近的分子不能用凝胶色谱法分离,如异构体。

9.1.2 色谱方法选择

各种色谱分离方法各有其特点和应用范围,每一种方法都不是完善的,它们往往相互补充。在完成某项分离任务时首先要根据分离分析目的、试样性质和组分含量及现有仪器设备条件来选择最合适的方法。一般可根据试样相对分子质量范围、溶解度及分子结构等进行分离方法的初步选择。

1)根据相对分子质量选择

相对分子质量小于400的试样因其挥发性强,宜采用气相色谱分离;相对分子质量大于2 000的化合物可采用凝胶色谱分离;相对分子质量介于400~2 000的分子,应根据试样性质选用液-固吸附色谱、液-液分配色谱或离子交换色谱分离。

2)根据溶解性选择

水溶性离子化合物与共价化合物可分别采用离子交换色谱,液-液分配色谱分离。对于非水溶性化合物,若易溶于烃类溶剂,可采用液-固吸附色谱分离;若溶于二氯甲烷或氯仿,可采用液－固吸附色谱或正相液－液分配色谱分离；若溶于甲醇，则用反相液－液分配色谱分离。

3）**根据分子结构选择**

若样品中包含离子型或可离子化的化合物，或者能与离子型化合物相互作用的化合物（如配位体及有机螯合剂），可首先考虑用离子交换色谱、空间排阻和液－液分配色谱也都能顺利地应用于离子化合物，可采用离子交换色谱分离；生物大分子或高分子聚合物可用凝胶色谱分离；异构体的分离可用液－固色谱法；具有不同官能团的化合物、同系物可用液－液分配色谱法；对于高分子聚合物，可用空间排阻色谱法。

任务9.2　高效液相色谱仪

9.2.1　构造

图9.1是Agilent 1100型高效液相色谱仪。高效液相色谱仪都由高压输液系统、进样系统、分离系统和检测系统4个部分构成。此外还配有辅助装置，如脱气机、梯度洗脱、自动进样、数据处理等。其结构示意图如图9.2所示。

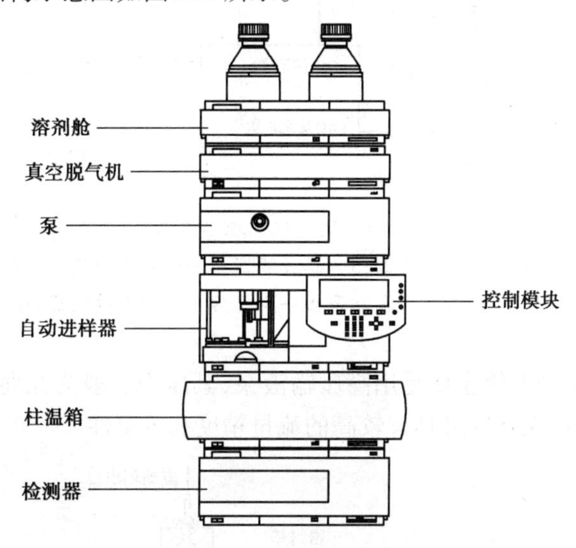

图9.1　Agilent 1100型高效液相色谱仪

高效液相色谱仪的工作过程为：高压泵将贮液瓶中的溶剂经进样器送入色谱柱中，然后从检测器的出口流出。当待测样品从注射器注入时，流经进样器的流动相将其带入色谱柱中进行分离，然后依次进入检测器，由记录仪将检测器送出的信号记录下来得到色谱图。

1）**输液系统**

输液系统一般由贮液器、脱气机、高压泵、梯度洗脱等装置组成。

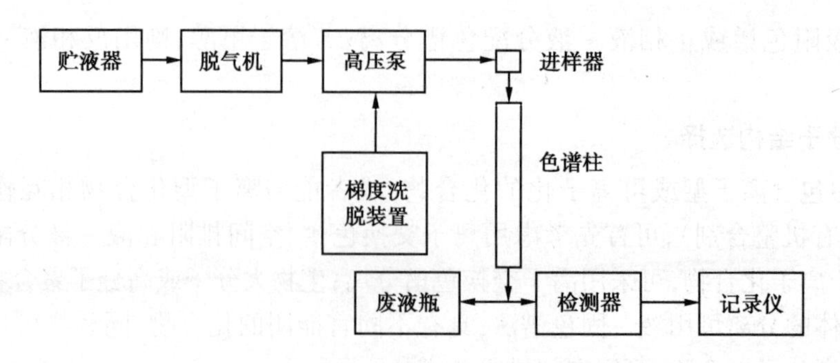

图 9.2　高效液相色谱仪的结构

(1) 贮液器

贮液器用来储存流动相溶剂,其材质应耐腐蚀,一般为玻璃或塑料瓶。贮液器放置的位置应高于泵体,以便保持一定的输液静压差,在泵启动时易于让残留在溶剂和泵体中微量气体通过放空阀排出。

(2) 脱气机

脱气机是对溶剂瓶中的流动相进行脱气的,目的是防止流动相从高压柱流出时,释放出的气泡进入检测器,影响检测结果。主要包括部件真空泵、传感器、电磁阀、控制器、真空腔等(图 9.3)。

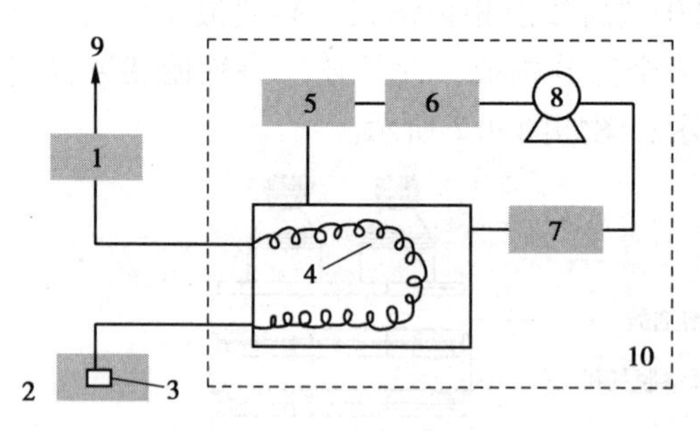

图 9.3　脱气机原理示意图

1—高压输液泵;2—贮液器;3—膜过滤器;4—塑料膜管线;5—传感器;
6—控制电路;7—电磁阀;8—真空泵;9—脱气后流动相至过滤器;10—脱气单元

(3) 高压泵

高效液相色谱的输液系统主要是用高压输液泵,其压力一般为几兆帕至几十兆帕。一般要求泵的输出流量恒定,无脉冲且具有较高的流量精度和重复性。

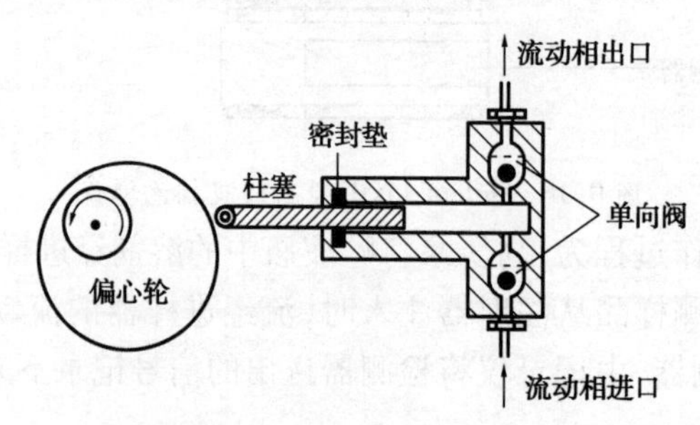

图 9.4　往复泵工作示意图

输液泵的种类很多,目前多用柱塞往复泵(图 9.4)。柱塞往复泵工作时柱塞向前运动,液体输出，流向色谱柱；向后运动，将贮液瓶中的液体吸入缸体。原理类似于打气筒，泵内体积小，输出流量恒定，容易清洗及更换流动相，并适宜于梯度洗脱。柱塞往复泵属于恒流泵，流量不受柱阻影响，泵压可达 30 MPa 以上。柱塞往复泵的缺点是输出液脉动大。

（4）梯度洗脱

梯度洗脱装置的作用是将两种或两种以上的不同性质但可互溶的溶剂，随时间改变而按一定比例混合，连续改变色谱柱中流动相的极性、离子强度、pH 值等，以提高分离效率，使样品中各组分都能在最佳分离条件下出峰。

按多元流动相的加压与混合顺序可分为高压梯度与低压梯度两种。高压梯度（也称内梯度）是按预先设计的程序分别用两台高压泵把两种溶剂增压后输入色谱系统的梯度混合器，待混合均匀后再输入色谱柱，混合比由两个泵的速度决定。低压梯度（也称外梯度）是在常压下将两种溶剂按一定程序混合后，再用一台高压泵输入色谱柱。这两种装置各有优缺点，前者价格贵，准确度高；后者成本低廉，使用方便。

HPLC 的梯度洗脱的作用与 GC 中的程序升温的作用类似（图 9.5），程序升温是通过改变温度达到分离分析目的，而梯度洗脱是通过改变流动相组成、极性或 pH 等达到分离分析的目的。

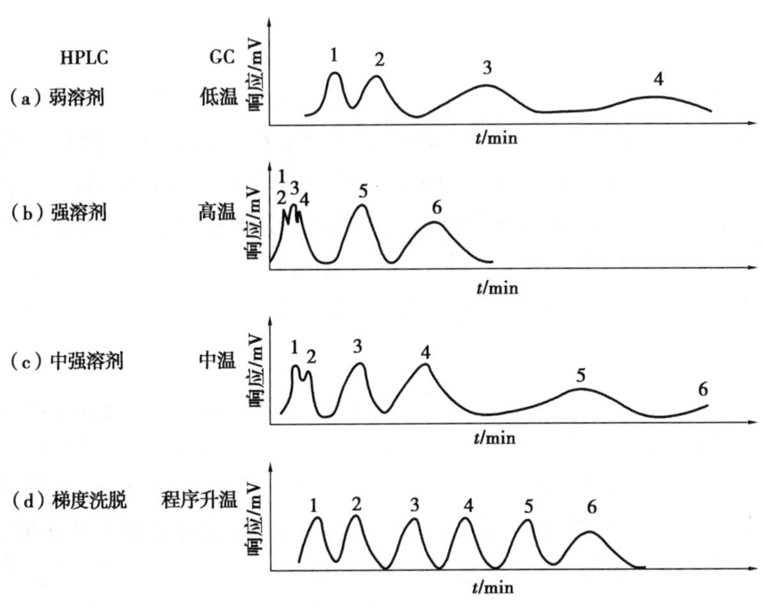

图 9.5 HPLC 梯度洗脱与 GC 程序升温对比

2）进样系统

高效液相色谱中的进样方法有多种，如隔膜式进样、停流进样、阀进样或自动进样器进样等。进样装置安装在进样口处，坏了可随时拆卸清洗、更换。进样器主要分为手动进样器和自动进样器。通常使用耐高压的六通阀进样装置，其结构如图 9.6 所示。

现代先进的液相色谱仪将六通阀配上样品传送系统、取样系统和程序控制器，实现了自动进样功能。自动进样由于管路增加等因素，相同情况下比用注射器进样柱效下降 5% ~10%，但可自动进行取样、进样、清洗等一系列操作，操作者只需将样品按顺序装入贮样装置即可，操作简便、重复性好。

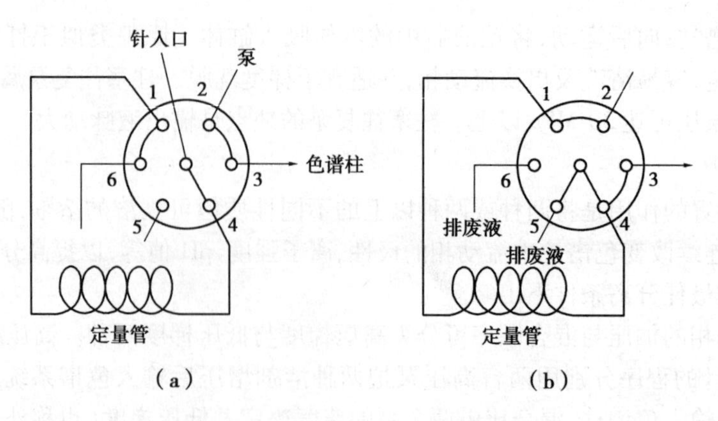

图 9.6　手动进样器原理示意图

先进的高效液相色谱仪都配有自动进样器，一般用于无人操作或样品数量多，需很快报出分析结果的情况。这种进样器采用微机控制一个六通阀的采样、进样及清洗、干燥等动作。工作时将样品小瓶置于转盘式（也有直排式、链式等）样品架小孔内（多达几十个），按一定程序启动仪器，仪器自动进行工作，一段时间便全部工作完成，自动报出分析结果。

3）分离系统

高效液相色谱仪的分离系统主要部件是色谱柱和恒温箱。

色谱柱是色谱仪的分离中心，其由柱管、固定相、过滤片等组成。柱管由不锈钢制成，管内壁要求有很高的光洁度，能承受高压，对流动相呈化学惰性。色谱柱一般制成直形，便于填充与安装。长度一般为 10 ~ 30 cm，内径 1 ~ 4 mm。其中内径 2 ~ 3 mm 使用较多；内径大于 5 mm 者用于制备色谱柱；小于 1 mm 者的细管径柱已经问市，由于柱细，柱长可适度增长，所制成的高效液相色谱毛细管柱具有很高的柱效，同时也节省溶剂。

恒温箱可调控色谱柱温度，保证色谱分离时温度恒定。

4）检测系统

检测系统是液相色谱的三大关键部件之一。检测系统的作用是将色谱柱流出的样品组分含量随时间变化的信号转化为易于测量的电信号。理想的检测器应具有以下特点：灵敏度高、重现性好、响应快、线性范围宽、死体积小、对温度变化和流量波动不敏感、对样品无破坏性等。在高效液相色谱技术发展中，至今还没有一种检测器可以同时满足以上几点要求。高校液相色谱常用的检测器有以下 6 种。

（1）紫外检测器

紫外检测器（Ultraviolet Detector，UV）应用最广泛，对大部分有机化合物有响应。紫外检测器是通过测定样品在检测池中吸收紫外光的大小来确定样品含量的，其工作原理都是基于光的吸收定律，即朗伯－比耳定律。紫外检测器具有灵敏度高、线性范围宽的特点。按照内部的光路、分析特点及给出图谱的不同分为可变波长和二极管列阵检测两种类型。

可变波长紫外检测器使用一个连续光源（如氘灯），以光栅（或棱镜）分光。光源发出的复合光（从 190 ~ 600 nm 附近），经光栅分光后，可随意选择检测波长以匹配被测物质的最大吸收波长。

光电二极管阵列检测器（Diode Array Detector，DAD）由 1 024 个二极管阵列，各检测特定波长，计算机快速处理得到三维立体谱图，如图 9.7 所示。

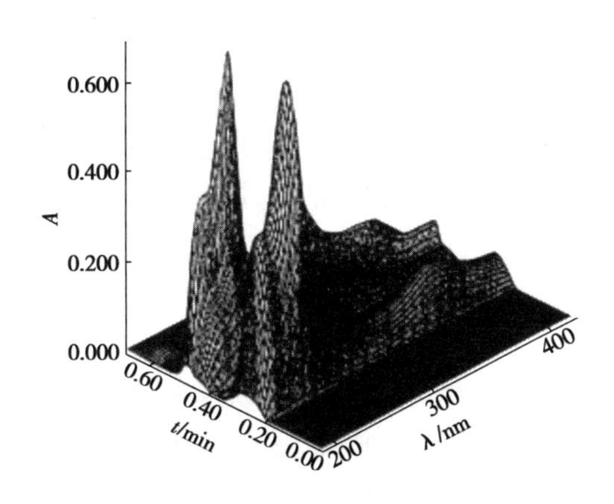

图 9.7 二极管阵列检测器图谱示例

二极管阵列检测器可以记录 190~900 nm 波长吸收光谱数据,可直接贮存色谱图中每一个点的吸收光谱。其工作原理是:光源发出的光,通过透镜把光聚焦在检测池上,从检测池出来的光,通过透镜、狭缝到光栅上,经光栅分光后由一排光电二极管接收并转换为电信号,贮存于计算机中。DAD 的最大优点在于利用 UV 光谱识别并进行纯度分析,还可画出保留时间、波长和吸光度的三维立体空间谱图等,这是目前较先进的紫外检测器。

(2)示差折光检测器

示差折光检测器(Refractive Index Detector,RID)是一种通用型检测器。示差折光检测器是通过连续测定色谱柱流出液折射率的变化而对样品浓度进行检测的。检测器的灵敏度与溶剂和溶质的性质都有关,溶有样品的流动相和流动相本身之间折射率之差反映了样品在流动相中的浓度。可检测参比池和样品池中流动相的折光指数差值,差值与浓度成正比。因每种物质具有不同的折光指数,示差折光检测器的应用范围比较广泛。缺点是灵敏度低、对温度敏感、不能用于梯度洗脱;有偏转式、反射式和干涉式 3 种。

(3)荧光检测器

荧光检测器(Fluorescence Detector,FLD)检测待测组分所产生的荧光强度。物质的荧光强度与该物质溶液浓度成正比,这是荧光检测器的定量基础。

特点:灵敏度高,检测限可达到 10^{-10} g/mL,选择性好,样品用量少。

应用:具有荧光的有机化合物(如多环芳烃、氢基酸、胺类、维生素和某些蛋白质等),都可用荧光检测器检测,适于药物及生化分析,但并非所有的物质都能产生荧光,因而其应用范围相对较窄。

(4)蒸发光散射检测器

蒸发光散射检测器(Evaporative Light Scattering Detector,ELSD)是质量型、高灵敏度的通用液相色谱检测器。检测原理:首先将柱洗脱液雾化形成气溶胶,然后在加热的漂移管中将溶剂蒸发,最后余下的不挥发性溶质颗粒在光散射检测池中得到检测。它检测的 3 个主要过程为:

①雾化:色谱柱流出物经过针头式的细导管进入雾化器,与气体混合喷成均匀一致的雾滴。

②蒸发:雾滴经过加热的漂移管,流动相被蒸发,溶质形成极细的颗粒。

③检测:溶质颗粒气体在检测池发生散射作用,经光电倍增管成电信号输出。

蒸发光散射检测器的主要优势:可检测挥发性低于流动相的任何样品;流动相低温雾化和蒸发,对热不稳定和挥发性化合物也有较高灵敏度;广泛的梯度和溶剂兼容性,无溶剂峰干扰;辅助载气提高了检测灵敏度,保持检测池内的清洁,避免污染;高精度雾化和蒸发温度控制,保证高精度检测;可与任何 HPLC 系统连接。

(5)电导检测器

电导检测器(Electrical Condactivity Detector,ECD)是根据电化学原理和物质的电化学性质进行检测的。电化学检测法可对那些在液相色谱中无紫外吸收或不能发出荧光但具有电活性的物质进行检测。若在分离柱后采用衍生技术,还可扩展到非电活性物质的检测。电化学检测器主要有安培检测器、极谱检测器、库仑检测器、电导检测器 4 种。前 3 种统称安培检测器,以测量电解电流的大小为基础,后者则以测量液体的电阻变化为依据。特点是灵敏度高、专属性高。主要应用于复杂样品中痕量组分的选择测定,以及较复杂生物样品中药物及其代谢物的测定。

(6)质谱检测器

质谱(Mass Spectrum, MS)作为检测器,是最灵敏的检测器,此外还具有快速、准确度高、可测定组分的结构等特点。

将高效液相色谱与质谱连接成一个完整的系统,样品通过高效液相色谱分离后进入离子源,将样品离子化变为气态离子混合物,由于结构性质不同而电离为各种不同质荷比(m/z)的分子离子和碎片离子,带有样品信息的离子碎片被加速进入质量分析器,不同的离子在质量分析器中被分离并按质荷比大小依次抵达检测器,经记录系统得到按不同质荷比排列的离子质量谱图。

5)数据记录与处理显示系统

高效液相色谱仪的数据记录及处理显示都是由计算机完成的,利用工作站进行采集、分析色谱数据和处理色谱图,给出峰宽、峰高、峰面积、对称因子、保留因子、选择因子和分离度等色谱参数。

9.2.2 维护常识

以 Waters 600 高效液相色谱仪为例,介绍其保养及使用注意事项等。

1)维护保养

(1)工作环境条件

仪器应放在干燥的仪器室内,置于坚固平稳的工作台上,避免腐蚀性的气体侵入和强光的直接照射;工作温度 10 ~ 30 ℃;相对湿度 <80%;最好是恒温、恒湿,远离高电干扰、高振动设备。为了使仪器有稳定的工作环境,特别是电压浮动较大的场所,对大型仪器最好每台仪器单独配备一台稳压器。

(2)泵的保养

使用流动相尽量要清洁;进液处的不锈钢烧结滤头要经常清洗;流动相更换时要防止沉淀;避免泵内堵塞或有气泡。

(3)进样器的保养

每次分析结束后,要反复冲洗进样器,防止样品的交叉污染。

(4)色谱柱的保养

色谱柱在任何情况下均不能碰撞、弯曲或强烈震动,避免柱头突然产生大的波动,如避免泵启动过速、升压过快、样品阀扳动过慢所造成的柱压大的波动都会扰动损伤柱床。

采用保护柱,延长柱寿命;如污物堆积于保护柱柱头,造成柱压升高,柱效下降,峰形变差时,可将保护柱卸下后用强溶剂反冲再用,或更换新保护柱。

避免超负荷进样,对250 mm×4.6 mm的色谱柱,绝对进样量应不超过100 μg。在灵敏度允许的前提下,应尽量将试样浓度降低,减少绝对进样量(进样体积可保持不变),这是保持HPLC柱性能持久良好的重要举措之一。

经常用强溶剂冲洗色谱柱,将柱内强保留组分及时洗脱出;做完试验及时用适当溶剂冲洗色谱柱和进样阀,尤其是对过夜的色谱柱和进样阀,一定要用足量的纯水彻底洗净其中的盐类、缓冲液,再用甲醇或乙腈冲洗。

当色谱柱和色谱仪连接时,阀件或管路一定要清洗干净;要注意流动相的脱气;避免使用高黏度的溶剂作为流动相;进样样品要提纯;若分析柱长期不使用,应用适当有机溶剂保存并封闭。

(5)检测器(UV)的保养

紫外灯的保养要在分析前,柱平衡后,打开检测器;在分析完成后,马上关闭检测器。

2)使用注意事项

(1)流动相

使用HPLC级的溶剂与试剂,溶剂和水必须进行过滤。流动相均需色谱纯度,水用20 M的去离子水;必须对含有缓冲盐的流动相进行过滤(0.45 μm);流动相使用前必须脱气,脱气后的流动相要小心振动尽量不引起气泡;改变流动相时防止交叉污染;不要使用陈旧的流动相,定期清洗流动相贮液瓶,所有过色谱柱的液体均需严格过滤;以硅胶为基质的色谱柱,如C_{18},C_8等,要控制好流动相的pH值,一般不要低于2.5,不高于7.0。

(2)进样针

使用平头针,严禁使用尖头针进样,在注射针前加装针式过滤器,防止样品中的微粒进入进样阀;定期清洗烧结不锈钢吸滤头。

(3)色谱柱

压力不能太大,最好不要超过30 MPa,防止过高压力冲击色谱柱。每次使用后要冲洗干净进样阀中残留的样品和缓冲盐,防止无机盐沉积和样品微粒磨损阀转子;使用完毕后须在记录本上记录使用情况。色谱柱若不用,在卸下前必须洗去缓冲液,并用大于10%的有机溶剂充满整个色谱柱,卸下柱后,用柱堵头将色谱柱首尾密封。

任务9.3 高效液相色谱法的应用

9.3.1 定性分析

高效液相色谱法定性最常用的方法是利用标准品对照来定性。如果相同的色谱条件下被测化合物与标准品的保留值一致,可初步认为被测化合物与标准品相同。若多次改变流动相组成后,被测化合物仍与标准品的保留值一致,就进一步证实被测化合物与标准品相同。

此外,可在样品中加入某标准物质,对比加入前后的色谱图,若加入后某色谱峰增高,则被测化合物与标准物质可能是同一物质。同样,可通过改变流动相组成来验证以上结论。

9.3.2 定量分析

高效液相色谱定量法基本与气相色谱定量法相同。高效液相色谱常用外标法和内标法进行定量,因很难查到在相同实验条件下的各组分的定量因子,归一化法很少使用。

高效液相色谱法可用于药物含量测定和药物杂质含量测定,外标法和内标对比法是药物含量测定常用的方法,药物中杂质含量测定常用主成分自身做对照法。

对于成分复杂的药品,可用液-质联用技术进行分析鉴定。液-质联用技术是指将高效液相色谱和质谱联结成一个完整的系统,实现在线检测。高效液相色谱-质谱联用既能给出样品的色谱图,又能快速给出每个色谱组分的质谱图,能同时获得定性、定量信息。液-质联用体现了色谱和质谱优势的互补,将色谱对复杂样品的高分离能力,与MS具有高选择性、高灵敏度及能够提供相对分子质量与结构信息的优点结合起来,在药物分析、食品分析和环境分析等许多领域得到了广泛的应用。

【案例】

高效液相色谱法同时测定中药材虎掌南星的核苷类成分

虎掌南星又名掌叶半夏,为天南星科半夏属植物掌叶半夏(*Pinellia pedati ecta Schott*)的干燥块茎,含有生物碱类、苷类、二肽类、氨基酸、凝集素、甾醇类、脂肪酸、糖、微量元素、核苷等成分。核苷类成分大多具有抗菌、抗病毒、抗肿瘤活性。

用高效液相色谱法同时测定中药材虎掌南星的几种核苷类成分,检测结果如图9.8所示。流动相是乙腈(含0.1% 甲酸)(A)和水(含0.1% 甲酸)(B)体系,紫外光度检测器,分析7种成分的紫外光谱,综合考虑检测时各色谱峰的响应和干扰因素,选择254 nm为检测波长。色谱条件:

色谱柱:Lichrospher C_{18}柱(150 mm×4.6 mm,5 μm)。

流动相:乙腈(含0.1%甲酸)(A)和水(含0.1%甲酸)(B)体系。

梯度洗脱:0~6 min,100% B;6~25 min,100% B~90% B;25~29 min,90% B~75% B。

检测波长:254 nm;流速:1.0 mL/min;柱温:30 ℃;进样量:20 μL。

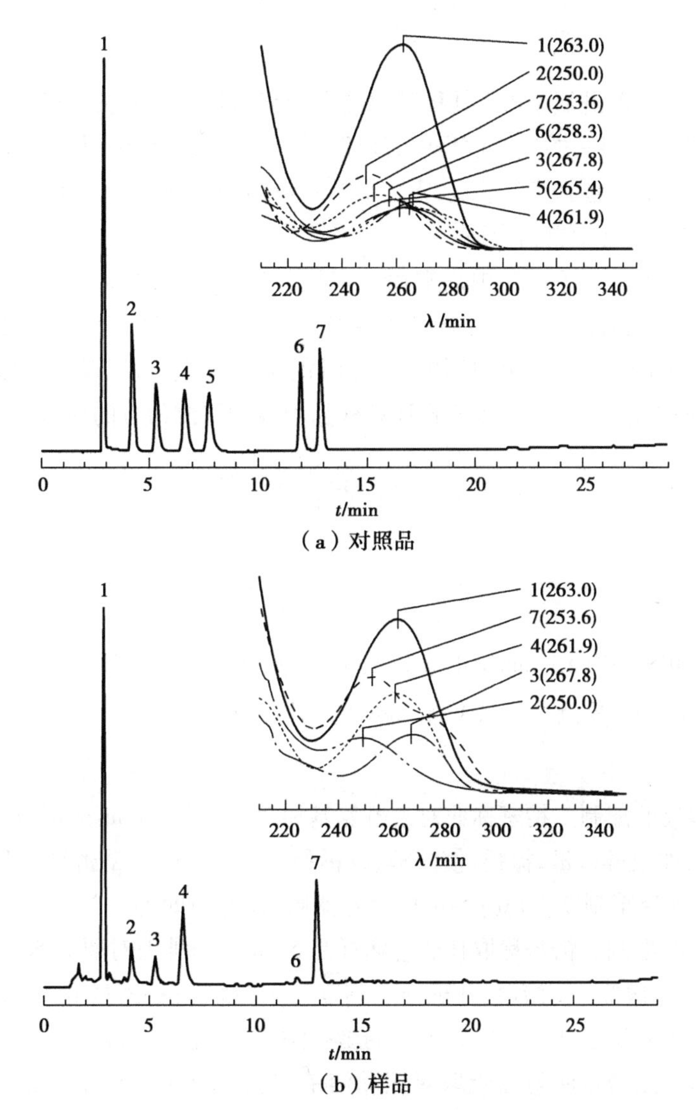

图9.8　对照品和样品的高效液相色谱图与紫外光谱图

色谱峰：1—腺嘌呤；2—次黄嘌呤；3—黄嘌呤；4—尿苷；5—胸腺嘧啶；6—腺苷；7—鸟苷

【技能实训】

实训9.1　内标对比法测定扑热息痛原料药中对乙酰氨基酚的含量

【实训目的】

(1)熟悉高效液相色谱仪的操作使用方法。

(2)掌握用内标对比法测定药物含量的实验步骤和结果计算方法。

【实验原理】

(1)扑热息痛即对乙酰氨基酚，其稀碱溶液在(257 ±1) nm 波长处有最大吸收,可用于定量测定。在扑热息痛原料药的生产过程中有可能引入对氨基酚等中间体，这些杂质也在紫外有吸收,若用分光光度法测定其含量,杂质会影响测量结果的准确性,因此,采用具有分离能力的高效液相色谱法测定含量更为合适。

(2)内标法是高效液相色谱法中最常用的定量分析方法。内标对比法是内标法的一种,其实验方法是:分别配制含有相同量内标物的对照品溶液和样品溶液,分别注入高效液相色谱仪,测得对照品溶液中的组分 i 和内标物 s 的峰面积 $A_{i_{对照}}$ 和 $A_{s_{对照}}$,以及样品溶液中待测组分 i 和内标物 s 的峰面积 $A_{i_{样品}}$ 和 $A_{s_{样品}}$,按下式计算样品溶液中待测组分的质量。

$$m_{i_{样品}} = m_{i_{对照}} \times \frac{A_{i_{样品}}/A_{s_{样品}}}{A_{i_{对照}}/A_{s_{对照}}}$$

【实验方法】

1)实验条件

色谱柱:C_{18}(ODS)柱(15 mm × 4.6 mm,5 μm);流动相:甲醇水(60∶40,V/V);流量:1.0 mL/min;柱温:室温;检测波长:UV257 nm;内标物:咖啡因。

2)实验步骤

(1)对照品溶液的配制。精密称取对乙酰氨基酚对照品约 50 mg、咖啡因对照品 50 mg,置 100 mL 容量瓶中,加甲醇适量,振摇,使溶解,并稀释至刻度,摇匀;精密量取 1 mL,置 50 mL 容量瓶中,用流动相稀释至刻度,过 0.45 m 的微孔滤膜,取滤液即得。

(2)样品溶液的配制。精密称取扑热息痛样品 50 mg、咖啡因对照品 50 mg,置 100 mL 容量瓶中,加甲醇适量,振摇, 使溶解,并稀释至刻度(V_1),摇匀;精密量取 1 mL,置 50 mL 容量瓶中,用流动相稀释至刻度(V_2),过 0.45 m 的微孔滤膜,取滤液即得。

(3)进样分析。用微量注射器吸取对照品溶液,进样 20 mL($V_{i对照}$),记录色谱图,重复 3 次。以同样的方法分析样品溶液。

3)数据记录(表 9.1)

表 9.1 对照品和样品数据记录表

	对照品溶液			样品溶液		
	A_i	A_s	A_i/A_s	A_i	A_s	A_i/A_s
1						
2						
3						
平均值						

4)结果计算

$$w(\text{扑热息痛})=\frac{m_{i_{\text{样品}}}}{m_{\text{样品}}}\times 100\%=\frac{m_{i_{\text{对照}}}}{m_{\text{样品}}}\times\frac{(A_i/A_s)_{\text{样品}}}{(A_i/A_s)_{\text{对照}}}\times 100\%$$

【注意事项】

(1)样品溶液和对照品溶液中的内标物浓度必须相同。

(2)实验中可通过选择适当长度的色谱柱,调整流动相中甲醇和水的比例或流速,以达到上述要求。

实训9.2 外标法测定叶酸片中叶酸的含量

【目的与要求】

(1)熟悉高效液相色谱仪的操作与使用。

(2)掌握用外标对比法测定药物含量的实验步骤和结果计算方法。

【方法提要】

(1)外标对比法的计算公式为

$$f=\frac{A_{\text{对照}}}{c_{\text{对照}}},c_{\text{样品}}=\frac{A_{\text{样品}}}{f}$$

(2)叶酸是人体必需的一种物质,它能促进胎儿脑神经的发育,也能防止人体贫血。叶酸片是药物制剂,除了主成分外,还含有大量的淀粉、糊精等辅料,测定前需对样品进行处理。

【实验方法】

1)实验条件

色谱柱:C_{18}色谱柱(5 μm,4.6 mm×250 mm);流动相:磷酸二氢钠缓冲液∶甲醇(80∶20);流速:1.0 mL/min。

2)实验步骤

(1)对照品溶液的配制。精密称取0.01 g叶酸对照品,置50 mL量瓶中,加30 mL 0.5%的氨水溶解,纯水定容至刻度。

(2)样品溶液的配制。取叶酸片40片,精确称量,研磨至均匀,精密称取2片质量的叶酸粉末于50 mL量瓶中,加入30 mL 0.5%氨水,热水浴振摇20 min,冷却后纯水定容至刻度,摇匀,过滤。

(3)进样分析。用微量注射器吸取对照品溶液,进样20 mL,记录色谱图,重复3次。以同样的方法分析样品溶液。

3)记录格式(表9.2)

表9.2　对照品和样品记录格式

	对照品溶液		样品溶液
	A_i	c_i	A_i
1			
2			
3			
平均值			

4)结果计算

$$w(\text{叶酸}) = A_{i_{\text{样品}}} \times (c_i/A_i)_{\text{对照}} \times \frac{V_{\text{样品}}}{m_{\text{样品}}} \times 100\%$$

【注意事项】

(1)尽量使配制的对照品溶液的浓度与样品中组分的浓度相近。

(2)实验中可通过选择适当长度的色谱柱,调整流动相中水相和有机相的比例控制出峰时间。

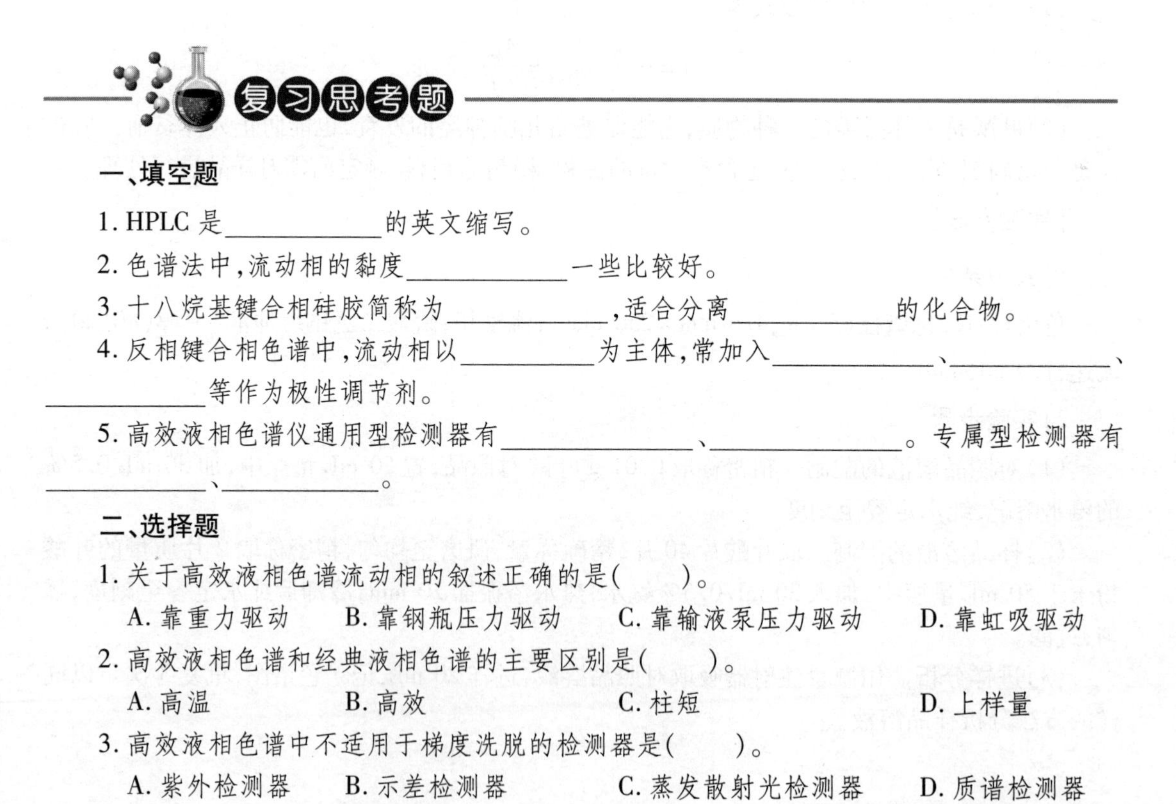

复习思考题

一、填空题

1. HPLC是____________的英文缩写。
2. 色谱法中,流动相的黏度____________一些比较好。
3. 十八烷基键合相硅胶简称为____________,适合分离____________的化合物。
4. 反相键合相色谱中,流动相以__________为主体,常加入____________、____________、____________等作为极性调节剂。
5. 高效液相色谱仪通用型检测器有______________、______________。专属型检测器有____________、____________。

二、选择题

1. 关于高效液相色谱流动相的叙述正确的是(　　)。
   A. 靠重力驱动　B. 靠钢瓶压力驱动　C. 靠输液泵压力驱动　D. 靠虹吸驱动
2. 高效液相色谱和经典液相色谱的主要区别是(　　)。
   A. 高温　B. 高效　C. 柱短　D. 上样量
3. 高效液相色谱中不适用于梯度洗脱的检测器是(　　)。
   A. 紫外检测器　B. 示差检测器　C. 蒸发散射光检测器　D. 质谱检测器
4. HPLC中色谱柱常采用(　　)。
   A. 直型柱　B. 螺旋柱　C. U型柱　D. 玻璃螺旋柱

5. 高效液相色谱仪组成不包括(　　)。

A. 汽化室　　B. 高压输液泵　　C. 检测器　　D. 进样装置

6. 高效液相色谱法的分离效能比经典液相色谱法高,主要原因是(　　)。

A. 流动相种类多　　B. 操作仪器化

C. 采用高效固定相　　D. 采用高灵敏度检测器

7. 在高效液相色谱中,梯度洗脱适用于分离(　　)。

A. 异构体　　B. 沸点相近,官能团相同的化合物

C. 沸点相差大的试样　　D. 极性变化范围宽的试样

8. 不同类型的有机物,在极性吸附剂上的保留顺序是(　　)。

A. 饱和烃、烯烃、芳烃、醚　　B. 醚、烯烃、芳烃、饱和烃

C. 烯烃、醚、饱和烃、芳烃　　D. 醚、芳烃、烯烃、饱和烃

9. 在高效液相色谱中,提高色谱柱柱效的最有效途径是(　　)。

A. 减小填料粒度　　B. 适当升高柱温

C. 降低流动相的速度　　D. 增大流动相的速度

10. 高压、高效、高速是现代液相色谱的特点,采用高压主要是由于(　　)。

A. 可加快流速,缩短分析时间　　B. 高压可使分离效率显著提高

C. 采用了细粒度固定相　　D. 采用了填充毛细管柱

三、简答题

1. 流动相为什么要脱气? 常用的脱气方法有哪几种?

2. 为了延长氘灯的寿命应如何操作?

3. 什么叫正相色谱? 什么叫反相色谱? 各适用于分离哪些化合物?

4. 什么叫梯度洗脱? 它与 GC 的程序升温有何异同?

四、计算题

1. 称取大黄药材粉末 1.301 7 g,甲醇提取,提取液转移至 25 mL 量瓶中,甲醇定容至刻度,摇匀,作为样品溶液。分别吸取样品溶液和大黄酸标准品溶液(40 μg/mL)各 10 μL,注入液相色谱仪,测得 $A_{样}=2\ 471$,$A_{标}=2\ 845$。计算大黄中大黄素的含量。

2. HPLC 外标法测定黄芩颗粒剂中黄芩苷的含量。黄芩苷对照品在 10.3 ~ 144.2 μg/mL 浓度范围内线性关系良好。精密称取黄芩颗粒 0.1 255 g,置于 50 mL 量瓶中,用 70% 甲醇溶解并稀释至刻度,摇匀,精密量取 1 mL 于 10 mL 量瓶中,用 70% 甲醇稀释至刻度,摇匀即得供试品溶液。平行测定供试品溶液和对照品溶液(61.8 μg/mL),进样 20 μL,记录色谱图,得色谱峰峰面积分别为 4.251×10^{7} 和 5.998×10^{7}。计算黄芩颗粒中黄芩苷的含量。

项目10　质谱分析技术

【知识目标】

了解质谱分析技术的基本原理；熟悉质谱分析技术的特点和应用方法。

【项目简介】

质谱分析法常简称为质谱法(Mass Spectrometry)，它是利用离子化技术，将物质分子转化为离子，在静电场和磁场的作用下，按其质荷比(m/e)的差异进行分离并排列起来得到质谱图，利用质谱图来对物质进行成分和结构分析的方法。与红外光谱、紫外光谱、核磁共振波谱一起被称为有机物结构鉴定的四大谱，与其他几种方法相比，质谱法是四谱中唯一可以确定化合物的分子式及分子量的方法，这对物质的结构鉴定至关重要。质谱法应用范围广泛，不受试样物态限制；灵敏度高；试样用量少，一次分析仅需几微克，检测限可达 10^{-11} g；分析速度快，完成一次全谱扫描仅需几秒，最快可达 10^{-3} s，易于实现与色谱联用。缺点是仪器设备昂贵，维护复杂。

【工作任务】

任务10.1　质谱法基本原理

10.1.1　基本原理

质谱法是通过将样品分子转化为运动着的气态离子，并按质荷比(离子质量与电荷数之比 m/e)的不同进行分配和记录，根据所记录的结果进行物质结构和组成分析的方法。在质谱仪(计)中，物质的分子在气态条件下受到具有一定能量的电子轰击时，会失去一个外层价电子，被电离成带正电荷分子离子，分子离子进一步可粉碎成碎片离子，这些带正电荷的离子在高压电场和磁场的综合作用下，按照质荷比依次排列并被记录下来，即得质谱。为了形象说明质谱的形成，设想用气枪向着一个玻璃瓶射击，结果玻璃瓶被击碎，假若把这些碎片小心地收集起来，按照这些碎片之间的相互联系拼构成原来的瓶子，在此设想中，玻璃瓶代表分子，铅弹代表轰击电子,而玻璃碎片大小的有序排列就如同分子裂解得到的各碎片离子按质量与电荷之比的有序排列。根据所得质谱数据,可进行有机或无机化合物的定性定量分析、未知化合物的结构鉴定,可进行样品中的各种同位素比的测定及固体表面结构和组成的分析等。

10.1.2 质谱图

化合物的质谱测量结果通常以质谱图的形式表示,质谱图有峰形图和棒形图。目前大部分的质谱图都是用棒形图表示,是用计算机处理后的“棒图”。这些“棒”代表了不同的质荷比的正离子及其相对丰度。图10.1是丙酸的质谱图。质谱图的横坐标是质荷比,因为绝大多数离子都是带一个单位正电荷,所以质荷比在数值上与质量相等。一张质谱图之所以有那么多不同质荷比的“棒”,是因为在离子源中,分子不仅被打掉一个外层电子,还可以被打成不同大小的碎片。质谱图的纵坐标是相对丰度,把最高的碎片峰或分子离子峰(当其为最高峰时)作为基峰,令其丰度为100%,然后用基峰的峰高去除其他峰的峰高即得各峰的相对丰度。

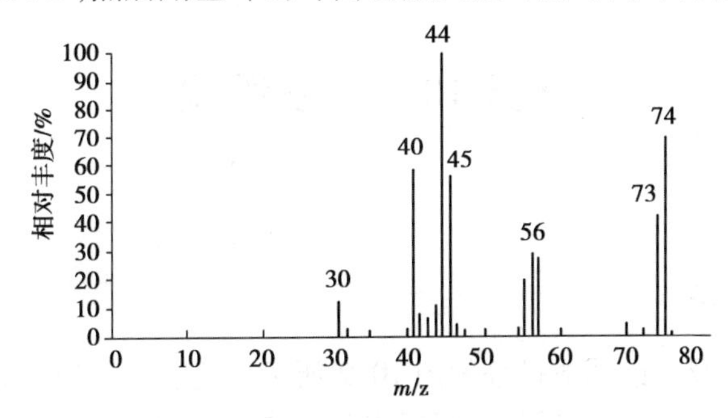

图10.1 丙酸的质谱图

图10.1中各种不同质荷比的“棒”所代表的正离子有以下几种:

①分子离子,是样品分子(所有电子都成对)失去一个电子而产生的,所以是一个自由基离子,其中有一个未成对的孤电子,离子中电子的总数是奇数,因此分子离子的表示为 M^+。分子离子是分子失去一个电子所得到的离子,所以其 m/e 数值等于化合物的相对分子量,是所有离子峰中 m/e 最大的(除了同位素离子峰外),所以若质谱图中有分子离子峰出现,必位于谱图的最右边,这在谱图解析中具有特殊意义。

②碎片离子,是分子的不同大小的碎片离子,分子在离子源中获得的能量超过分子离子化所需的能量,造成分子中的化学键断裂而产生的碎片离子,由 F^+ 表示。

③多电荷离子,某些非常稳定的分子,能失去两个或两个以上的电子,而形成的多电荷离子,用 M^* 表示。

④同位素离子,因为天然元素存在轻重不同的同位素,所以同位素离子是比分子离子或碎片离子质量多1或2的离子。

目前文献中还常以表格的形式发表质谱数据,在表格中列出化合物的各主要离子峰及其相对丰度,以供读者阅读和结构解析,见表10.1。高分辨率质谱仪所得结果常以元素图的形式表示,由元素图可以了解各个原子的元素组成。

表 10.1　7 种酰胺的质谱数据(70 eV)

化合物	m/e(相对丰度%)
正十八酰胺	43(21),44(8),59(100),72(45),86(7),98(3),114(6),128(8),240(5),254(2),283(M^+,2)
正二十酰胺	43(29),44(19),59(100),72(45),86(8),97(15),114(8),128(13),268(13),282(3),311(M^+,4)
正二十一酰胺	43(23),44(6),59(100),72(51),86(7),114(7),128(9),142(2),208(3),296(6),310(3),339(M^+,4)
正二十三酰胺	43(26),44(7),59(100),72(51),86(8),114(9),128(9),142(2),170(2),310(7),324(3),353(M^+,4)
正二十四酰胺	43(26),44(7),59(100),72(51),86(7),98(6),114(8),128(9),282(2),324(5),338(2),367(M^+,4)
正二十五酰胺	43(24),44(4),59(100),72(53),86(7),98(6),114(9),128(9),184(3),198(4),338(6),381(M^+,5)
正二十六酰胺	43(29),44(7),59(100),72(55),86(8),98(6),114(9),128(10),142(2),184 (2),352(6),395(M^+,4)

任务 10.2　质谱仪

10.2.1　基本构造

质谱仪的主要组成及质谱形成过程如图 10.2 所示。气态试样通过导入系统进入离子源,被电离成分子离子和碎片离子,由质量分析器将其分离并按质荷比大小依次进入检测器,信号经放大、记录得到质谱图。主要包括以下结构:

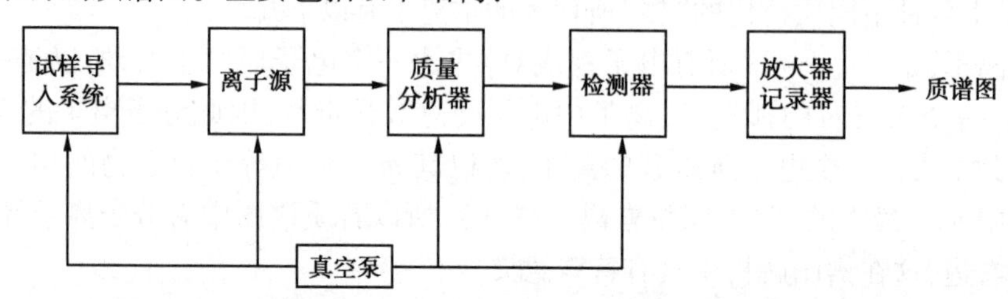

图 10.2　质谱仪的主要组成及质谱形成过程示意图

1)高真空系统

质谱仪的进样系统、离子源、质量分析器、检测器等主要部件均需在真空状态下工作(一般为 10^{-6} ~ 10^{-4} Pa)。其目的是为了避免离子散射以及离子与残余气体分子碰撞引起的谱图复杂化等。通常离子源的真空度应达到 1.3×10^{-5} Pa,质量分析器中应达到 1.3×10^{-6} Pa。若真空度过低,会造成离子源灯丝损坏、背景增高、副反应增多,从而使谱图复杂化。一般质谱仪都采用机械泵预真空后,再用高效率扩散泵连续运行以保持真空度。现代质谱仪采用分子泵可获得更高的真空度。

2)试样导入系统

试样导入系统的作用是在不破坏仪器内部真空度的情况下,使样品进入离子源。对于单组分试样可采用进样杆进样(固体或液体)或储罐进样(气体或低沸点液体);对于混合物,可与色谱仪联用进样,各组分经色谱分离后依次进入质谱仪,质谱仪相当于色谱仪的检测器;对于极易分解的化合物,一般需采用衍生法,将样品转化为易挥发且稳定的化合物后,再进行质谱分析。

3)离子源

离子源是样品分子的离子化场所,其作用是将分析试样的分子电离成分子离子,继而裂解成碎片离子,并使产生的离子获得到达或穿越质量分析器的加速,即使其具有一定的能量。离子源包括电离室和加速室。离子源的好坏在很大程度上决定质谱分析的可能性,也直接影响仪器的灵敏度和分辨率。常用的离子源有以下几种:

(1)电子流轰击离子源(EI 源)

质谱仪中用得最多的是电子轰击源,也是最普遍和发展最成熟的离子源。呈气态或蒸汽的样品分子通过隙漏装置进入离子源的电离室,用铼或钨丝产生的热电子流在外电场(8 ~ 100 V)的加速作用下,去轰击样品分子,产生各种离子,这是最常用的一种方法。一般采用 70 V 的外加电场来加速电子,故电子的能量为 70 eV。在此能量下得到的离子流比较稳定,质谱图的重现性较好。有机化合物的分子的电离电位一般为 7 ~ 15 eV,电离后所带的能量仍较高,能使相当多的分子离子继续裂解,产生广义的碎片离子。绝大多数化合物,在 EI 源作用下产生正离子,且一般为单电荷离子,即质荷比的数值等于离子的相对分子质量。生成的离子束在加速室,沿着与电子束成直角的方向被另一高的加速电压(数千伏)加速后引出。

EI 源易于实现,质谱图重现性好,便于计算机检索和互相对比,且含有较多的碎片离子,有利于推测未知物的结构。EI 源的缺点是当样品分子稳定性不高时,分子离子峰强度较低甚至没有,这时需要软电离技术配合。对不能汽化或遇热分解的样品,则更没有分子离子峰。

(2)化学电离源(CI 源)

化学电离源是通过离子 - 分子反应来实现样品分子的电离,因而得其命名。化学电离源是在电离室内引入一定压力的反应气体(如甲烷等),稀释样品分子。在一定能量的电子作用下,首先将反应气分子预电离,生成其分子离子,再与反应气分子作用,生成高度活性的二级离子,再与样品分子进行离子 - 分子反应。

除此之外,还有其他类型电离源,如场电离源(FI)、场解吸电子电离源(FD)、快速原子轰击电离源(FAB)、基质辅助激光解吸电离源(MALDI)、电喷雾电离源(ESI)、大气压化学电离源(APCI)等。其中,FD 特别适合于对一些难汽化或热稳定性差的样品做定性鉴定和结构测定,高极性、难汽化的有机化合物都采用 FAB 源,MALDI 适合用于难电离的样品,特别是生物大分子,如肽类、核酸等,特别适合于与飞行时间质谱仪相配,也与离子阱类的质量分析器相配。

除了 EI 源外的各类离子源都有一个共同点,即电离产生的碎片离子少,分子离子峰较强,这类电极技术都称为软电离技术。

4)质量分析器

质量分析器是质谱仪的主体,其作用如同光谱法的单色器。它能把来自离子源的具有不同质荷比的离子束依其质荷比大小顺序分别聚焦和分离,一般利用电磁场对电荷的偏转性质来实现这种质量色散。质谱仪使用的质量分析器的种类较多,大约有 20 种。常见的有磁分析器、四极滤质器(四极质量分析器)和离子阱等数种。

(1)磁分析器

磁分析器的主要部件是扇形磁场(静磁分析器)和扇形电池(静电分析器),有单聚焦和双聚焦两种。扇形磁场对运动着的离子有质量色散和能量色散两种。在离子源中被加速的离子束(如同电流),沿着与磁力线垂直方向进入扇形磁场,在磁场的作用下作圆周运动,因不同的荷质比的离子有不同的运动半径而分开,此即是扇形磁场的质量色散作用。由一点出发的同速同质荷比的离子经过磁场作用后,可重新汇聚于一点,这就是扇形磁场的方向聚焦作用。静磁场还同时具有能量色散作用,对于相同质荷比的离子因为能量略有差异,经过扇形磁场后就不能准确的聚焦于一点。单聚焦磁分析仪只有扇形磁场,分辨率不高。双聚焦质量分析器除了有一个扇形磁场外,还有一个扇形电场,二者都有能量色散作用,使二者的能量色散作用数值相等,方向相反,则离子通过后,达到能量的聚焦,加上方向的聚焦,称为双聚焦。因此,扇形电场加上扇形磁场,达到方向聚焦、能量聚焦、质量色散,分辨率提高。

图10.3是单聚焦质谱仪示意图。其工作流程如下:通过进样系统,使微摩尔或更少的试剂蒸发,并让其慢慢地进入离子源的电离室(压力约为10^{-3} Pa);由离子源流向阳极的电子流,将气态样品的分子电离成正负离子,一般分析的都是正离子。接着,在狭缝A处,以微小的负电压将正负离子分开。此后,通过狭缝A和狭缝B间的几百至几千伏的电压,将正离子加速,使垂直于狭缝A的正离子流通过狭缝B,进入真空度高达10^{-5} Pa的扇形磁场质量分析器中,根据离子质荷比的不同得到分离。若改变粒子的速度或磁场强度,就可将不同质荷比的离子依次聚焦在出射狭缝上。通过出射狭缝的离子流,将落在一个收集器上,经放大后即可进行记录,并得到质谱图。

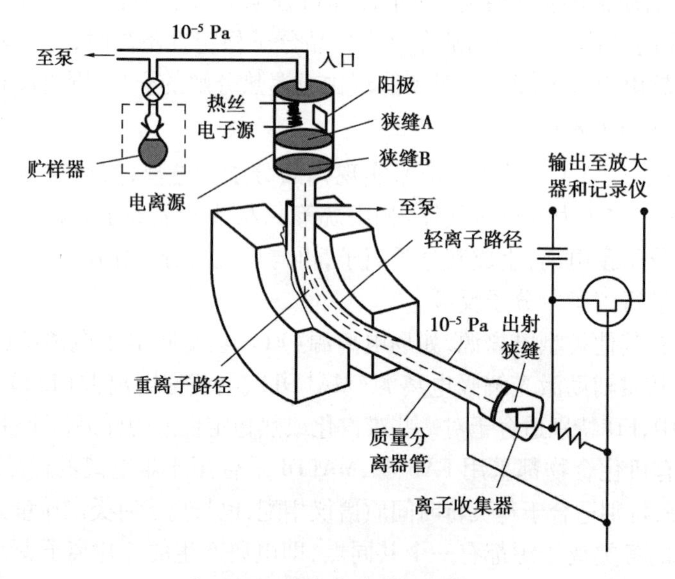

图10.3　单聚焦质谱仪示意图

(2)四极质量分析器

四极质量分析器又称为四极滤质器,由4根平行的棒状电极组成,相对的一对电极是等电位的,两对电极的电位是相反的,电极上加直流电压 U 和射频交变电压。电极的理想表面为双曲面,4根圆柱形电极若能很好地装配也能完全满足需要。

四极质量分析器具有质量轻、体积小、操作方便、扫描速度快等特点,常用于色谱-质谱联用仪器。其不足之处是分辨率不够高。

(3)离子阱

离子阱也称四极离子阱或四极离子储存器,从原理上与四极质量分析器是类似的。设电极表面为双曲面的四极质量分析器沿着其中一对电极的轴线旋转180°,就形成了离子阱。这时一对电极成了内部为双曲面的一个筒状体,称为环电极;另一对电极不变,构成环电极两端的端盖,称为端盖极。端盖极上有小孔供离子进出,电极之间以绝缘隔开。

离子阱作为质量分析器,其结构简单、灵敏度高、质量范围大,既能直接用于不同质荷比的离子的检测,又因为其储存离子的作用,可作为时间上的串联质谱。

5)检测器

从质量分析器出来的离子流只有10^{-10} ~ 10^{-9} A,检测器的作用就是接受这些强度非常低的离子流并放大,然后送到显示单元和计算机数据处理系统,得到所要分析的物质的质谱图和质谱数据。质谱计常用的检测器有法拉第杯、电子倍增器、闪烁计数器和照相底片等。

电子倍增器是运用质量分析器出来的离子轰击电子倍增管的阴极表面,使其发射出二次电子,再用二次电子依次轰击一系列电极,使二次电子获得不断倍增,最后由阳极接受电子流,使离子流信号得到放大。电子倍增器中电子通过的时间很短,利用电子倍增器可以实现高灵敏度和快速测定。

6)控制与数据处理系统

质谱仪配有完善的计算机系统,控制与数据处理都是由计算机完成。控制与数据处理系统进行仪器的操作,数据的采集、处理、打印及数据库检索等工作。

任务10.3 质谱分析技术

10.3.1 定性分析

利用质谱对物质进行定性分析和结构分析,对于有机化合物最好的方法就是将得到的质谱图与标准谱图进行比较,现已有很多标准图谱出版。若是未知物可根据质谱图上提供的信息进行分析推测。下面对质谱图直接提供的结构信息进行简要介绍。

质谱法在定性方面最主要的应用是进行物质鉴定,它是鉴定纯净物的最好的工具,根据质谱图可以确定物质的相对分子质量、确定物质的化学式、鉴定物质结构等。

1)确定相对分子质量

从图谱上寻找分子离子峰确定相对分子质量。有机分子被热电子流轰击后失去一个电子而成为分子离子,由于其电荷$e=1$,故分子离子的质荷比即为相对分子质量。如何从质谱图上找到分子离子峰呢?一般来说,相对分子质量具有以下特点:

①分子离子峰通常是质谱中质荷比最大的峰,即质谱图最右端的较强峰,但也有不少例外,质荷比最大的峰也可能是以下几种类型的峰:同位素峰;当试样不纯或仪器有污染时出现

的杂质峰;当试样分子的稳定性较差时,分子离子峰很弱,甚至不出现,此时质荷比最大的峰是碎片离子峰。

②分子离子峰的质量数服从奇偶规律:由 C,H,O 组成的化合物,分子离子峰的质量数为偶数;由 C,H,O,N 组成的化合物,含奇数个 N 原子时,分子离子峰的质量数为奇数,含偶数个 N 原子时,分子离子峰的质量数为偶数。凡不符合奇偶规律者,不是分子离子。

③分子离子峰与相邻的碎片离子峰之间的质量差在化学上应当合理。例如,比分子离子峰小 4 ~ 13 质量单位处,不应有峰出现,因为从 1 个分子中同时失去 4 个 H 或失去 1 个不足 CH_2(质量数为 14)的碎片在化学上是不合理的。如果最高质荷比的峰与相邻的峰有以上的差数,则此最高质荷比的峰并非分子离子峰,而是大碎片离子峰。

④分子离子峰的强度与化合物的类型有关。芳香族化合物的分子离子峰相对丰度较大,有时甚至成为基峰,而脂肪族化合物的分子离子峰较小,有时找不到该化合物的分子离子峰。不同种类的化合物分子离子的稳定性不同,化合物分子离子的稳定性顺序大致如下:

芳烃 > 共轭烯烃 > 脂环化合物 > 羟基化合物 > 直链烃 > 醚 > 酯 > 胺酸 > 醇

确定了分子离子峰后,一般它的质荷比即为该化合物的相对分子量,但严格地说二者具有不同的概念并存在微小的差别。因为组成有机化合物的主要元素 C,H,O,S,Cl,Br 等都存在天然同位素,每种同位素在自然界都有固定的丰度,如^{12}C,^{13}C 同位素的天然丰度为 98.89% 和 1.11%,^{1}H,^{2}H同位素的天然丰度为99.985%和0.015%。质荷比是由离子中丰度最大的同位素质量计算的,而相对分子质量是由分子中各元素同位素质量的加权平均值计算而得。当数值较大时,两者可相差 1 个相对分子质量单位。根据分子中各同位素的丰度和质谱测得的质荷比,即可算出相对分子质量。

2)确定化学式

由于高分辨质谱仪能测得化合物的精确质量(可至小数点后 4 位),将其输入计算机数据处理系统即可得到该分子的元素组成,从而确定分子式。这种确定化合物分子式的方法称为精密质量法,该法准确、简便,是目前有机质谱分析中应用最多的方法。

例如,使用低分辨率质谱仪时,N_2,CO,CH_2N,C_2H_2 的相对分子质量都是 28,而使用高分辨质谱仪时,就可直接得到以上各物质的精确质量,其数据如下:

$$N_2 = 28.006\,147,\ CO = 27.994\,914,\ CH_2N = 28.018\,723,\ C_2H_2 = 28.031\,299$$

可见,根据高分辨率质谱仪的测定值,完全可以准确地判断究竟是哪个分子式。

3)结构鉴定

根据质谱图上的信息确定相对分子质量,推出分子式,计算不饱和度,再根据质谱图上分子离子峰的强度,碎片离子 m/z,碎片离子与分子离子之间的 m/z 差值等信息,寻找特征碎片离子,分析推测可能的断裂类型。

各类有机化合物在质谱中的裂解行为与其官能团的性质密切相关。例如,酮的裂解与羰基 C=O 性质有关,其裂解碎片中往往有 $m/e = 43$ 的碎片离子($CH_3C \equiv O^+$)存在;反之,该碎片峰的出现也可证实未知物是羰基化合物;同样,$m/e = 77,65,51,39$ 等碎片峰的存在也可证实未知物中含有苯环,所以可利用质谱中的特征离子来确定有机化合物的结构。

【**例 10.1**】 某种化合物,根据其质谱图,已知其相对分子量为 150,由质谱测得,m/e 150,151,152 的强度比为:M(150),100%;M(151),9.9%;M(152),0.9%。试确定此化合物化学式。

解 从M(152) = 0.9%可见,该化合物不含S,Br,Cl。在Beynon表中查得相对分子质量为150的分子式共29个,其中,M+1在9%~11%的化学式有如下7个,见表10.2。

表10.2 7种化合物的化学式

编号	化学式	M+1/%	M+2/%	编号	化学式	M+1/%	M+2/%
1	$C_7H_{10}N_4$	9.25	0.38	5	$C_9H_{10}O_2$	9.96	0.84
2	$C_8H_8NO_2$	9.23	0.78	6	$C_9H_{12}NO$	10.34	0.68
3	$C_8H_{10}N_2O$	9.61	0.61	7	$C_9H_{14}N_2$	10.71	0.52
4	$C_8H_{12}N_3$	9.98	0.45				

该化合物的相对分子质量是偶数,根据氮规律,可排除含有奇数个*N*原子的第2,4,6这3个化学式。在余下的化学式中,M+1峰的丰度最接近9.9%的是第5式,这个式子的M+2也与0.9%很接近,因此化学式应是$C_9H_{10}O_2$。

用质谱仪作多离子检测,可用于定性分析,例如在药理生物学研究中,以药物及其代谢产物在气相色谱图上的保留时间和相应质量碎片图为基础,可确定药物和代谢产物的存在。

10.3.2 定量分析

定量分析质谱仪因有较高分辨率和灵敏度,也常作为检测器使用。质谱检出的离子流强度与离子的数目成正比,在一定质谱条件下离子数目和化合物的量也成正比,因此,通过测量离子流强度可以进行定量分析。离子源出来的离子种类较多,为了提高检测的灵敏度,应选择重现性好、强度大且和其他组分有显著不同峰的一个或多个离子作为监测离子,前者称单离子监测,后者为多离子监测。单离子监测灵敏度高、检测限更低,多离子监测可同时对多种组分进行定量,但灵敏度会下降、检测限会升高。定量分析方法一般采用内标法,以消除样品预处理及操作条件改变而引起离子化产率的波动。内标物的物理化学性质应和被测物相似且不存于被测样品中,最好的内标物是被测物的同位素标记物。

以被检化合物的稳定性同位素异构物作为内标,可取得更准确的结果。近年来,质谱技术发展很快,质谱技术的应用领域也越来越广。由于质谱分析具有灵敏度高、样品用量少、分析速度快、分离和鉴定可同时进行等优点,因此,质谱技术广泛地应用于化学、化工、环境、能源、医药、运动医学、刑侦科学、生命科学和材料科学等各个领域。

1. 质谱法的基本原理是什么?
2. 常见的离子碎片有哪几种?
3. 质谱仪的组成有哪些结构?
4. 质谱仪的分析方法有哪些?

参考文献

[1] 中国药典委员会. 中华人民共和国药典[M]. 2015 版. 北京:中国医药科技出版社,2015.

[2] 高向阳. 新编仪器分析[M]. 4 版. 北京:科学出版社,2013.

[3] 毛金银,等. 仪器分析技术[M]. 北京:中国医药科技出版社,2013.

[4] 张威. 仪器分析[M]. 北京:化学工业出版社,2010.

[5] 肖彦春. 仪器分析使用与维护[M]. 北京:化学工业出版社,2011.

[6] 陈集,等. 仪器分析教程[M]. 北京:化学工业出版社,2010.

[7] 孙凤霞. 仪器分析[M]. 2 版. 北京:化学工业出版社,2011.

[8] 吴菊英. 仪器分析操作与实训[M]. 化学工业出版社,2012.

[9] 孙兰凤. 分析化学[M]. 北京:中国中医药出版社,2015.

[10] 白玲,等. 仪器分析实验[M]. 北京:化学工业出版社,2010.

[11] 宋大千. 仪器分析例题与习题[M]. 北京:高等教育出版社,2014.

[12] 刘淑萍,等. 现代仪器分析方法及应用[M]. 北京:中国质检出版社,2012.